La Guía Ilustrada de Formatos de Audio

Escrita e ilustrada por
Ashley Blewer

Traducción por Valeria Dávila

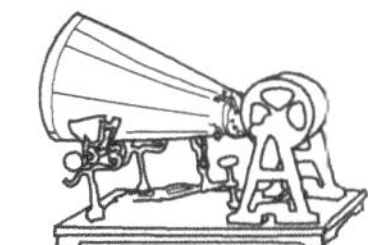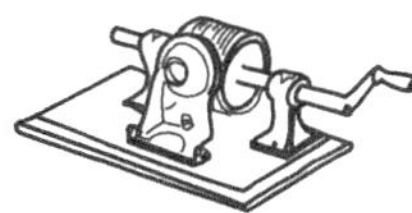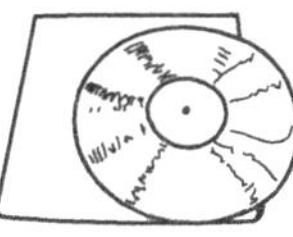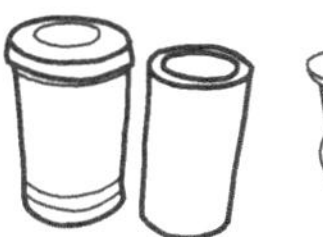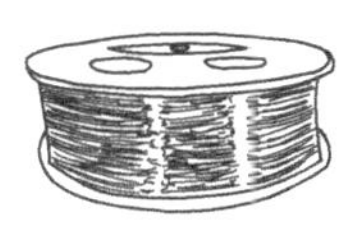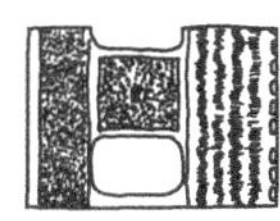

La Guía Ilustrada de Formatos de Audio

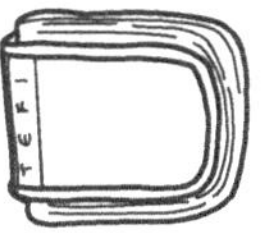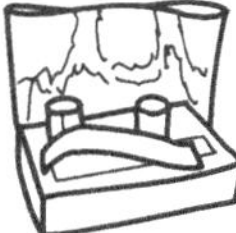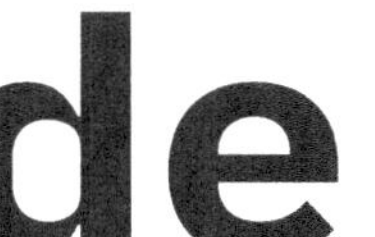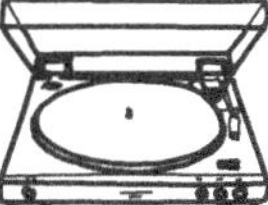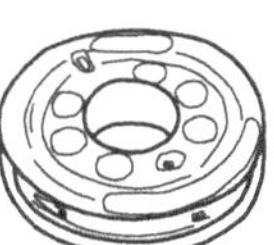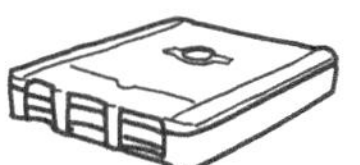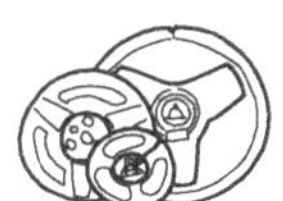

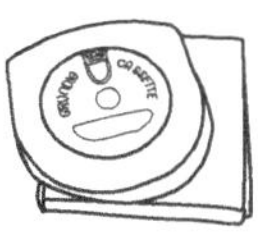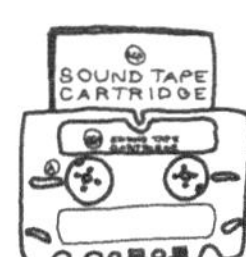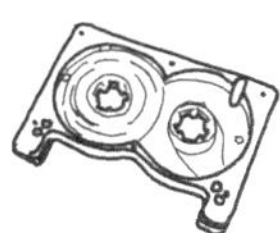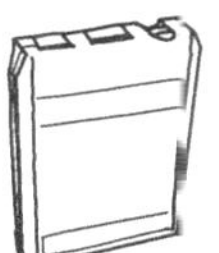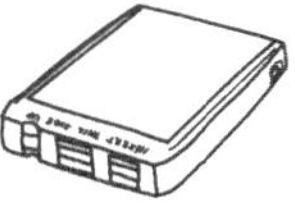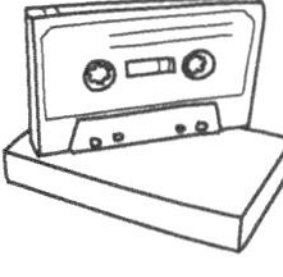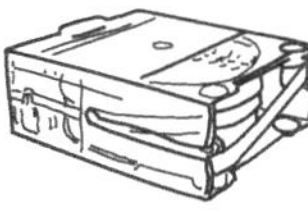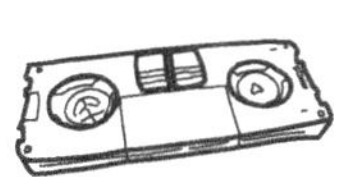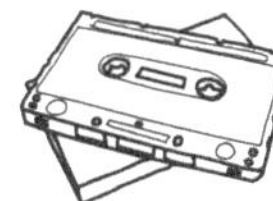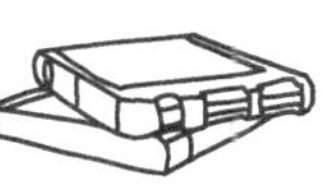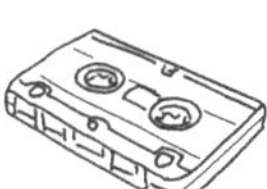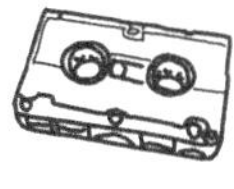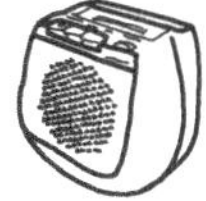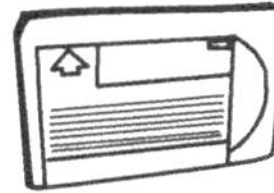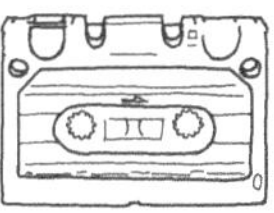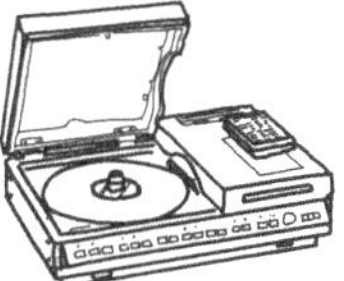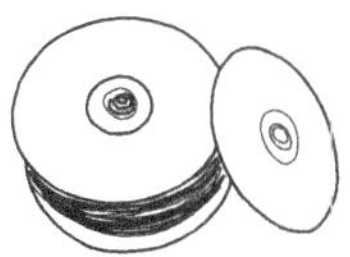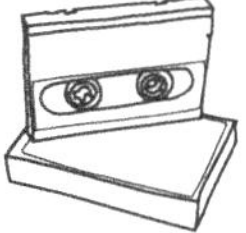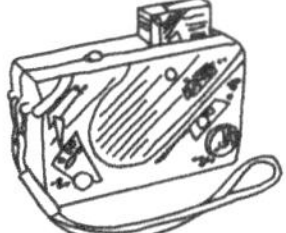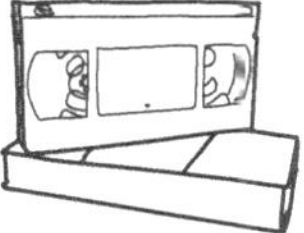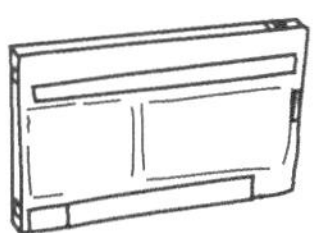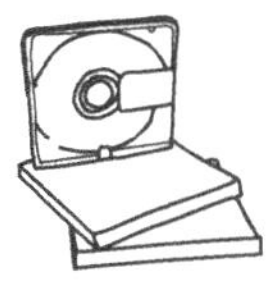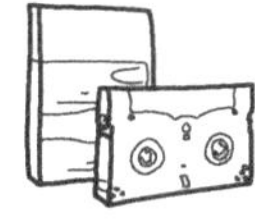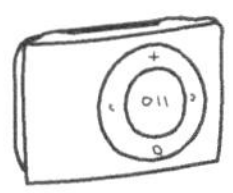

Escrita e ilustrada por

Ashley Blewer

Traducción por Valeria Dávila

Para Rory

Tabla de contenido

Introducción

Este libro proporciona una descripción general
introductoria de 36 formatos de audio históricamente
significativos, comenzando con el fonógrafo y terminando
con los reproductores de audio digital.

Cada página de formato incluye los siguientes detalles:

También conocido como: Cualquier otro nombre notable con el
que este formato era "también conocido (como)"

Formato: si el formato era principalmente analógico o
digital

Desarrollado por: El principal desarrollador, fabricante o
titular de la patente del formato.

Era: la era aproximada de producción (reconociendo que las
fechas de finalización son particularmente confusas, ya que
algunos formatos continuaron usándose mucho después de su
fecha de vencimiento de producción)

Capacidad: la duración máxima que el formato podía contener

Tamaño: La(s) dimensión(es) física(s) más común(es) para el
formato, medida en pulgadas (para diámetros de carrete) o
centímetros (para cartuchos u otros objetos rectangulares)

Datos curiosos: tres frases informativas sobre el formato

¡Espero que disfrutes de esta guía ilustrada y te animo a
que explores cada uno de los formatos más a fondo por tu
cuenta!

Fonoautógrafo

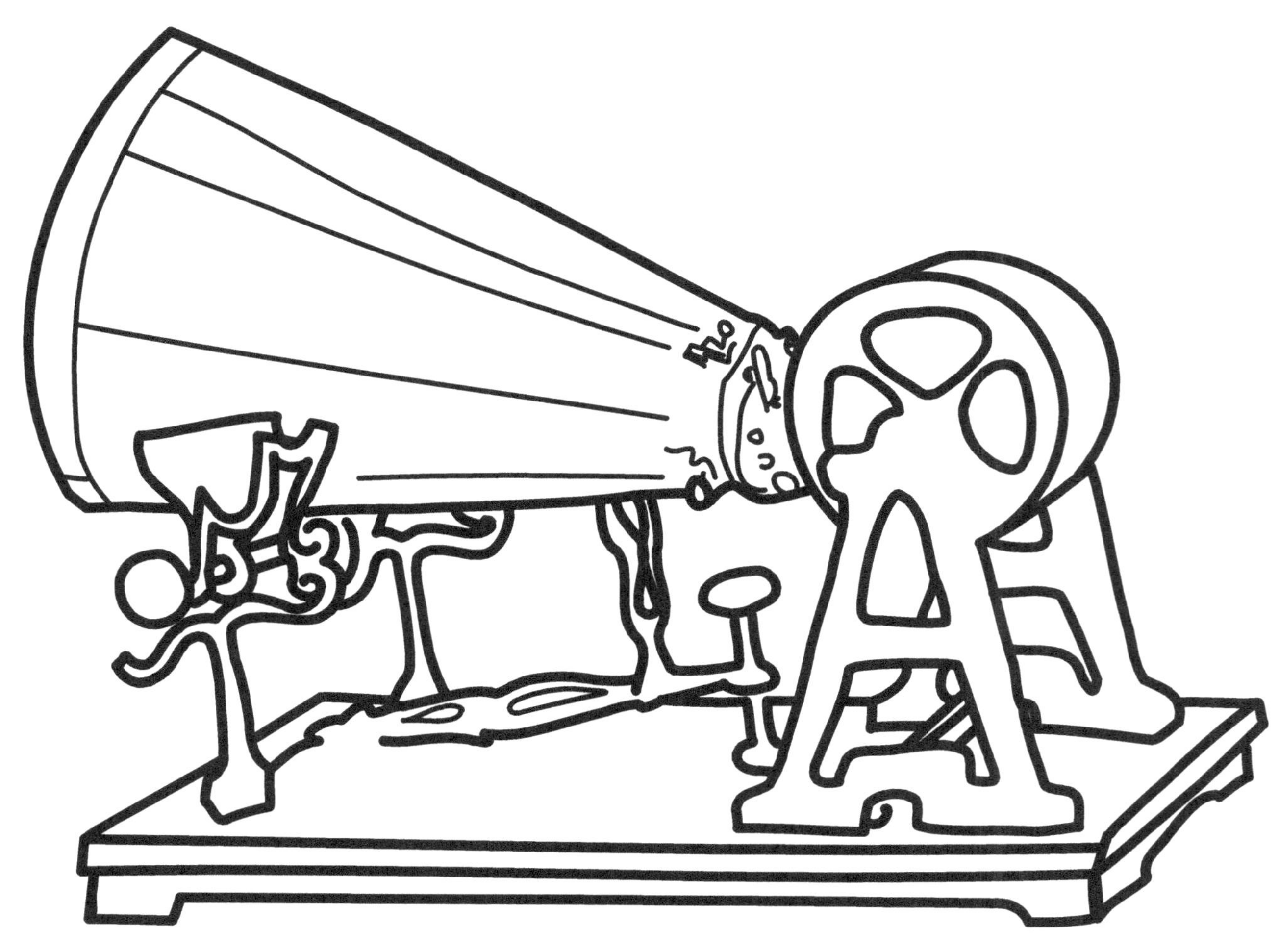

Dato curioso
Las grabaciones
de este formato
no pudieron
reproducirse
hasta que los
investigadores
pudieron
procesarlas
en 2008

Dato curioso
El diseño de este
dispositivo
de grabación
estaba destinado
a imitar el
tímpano humano

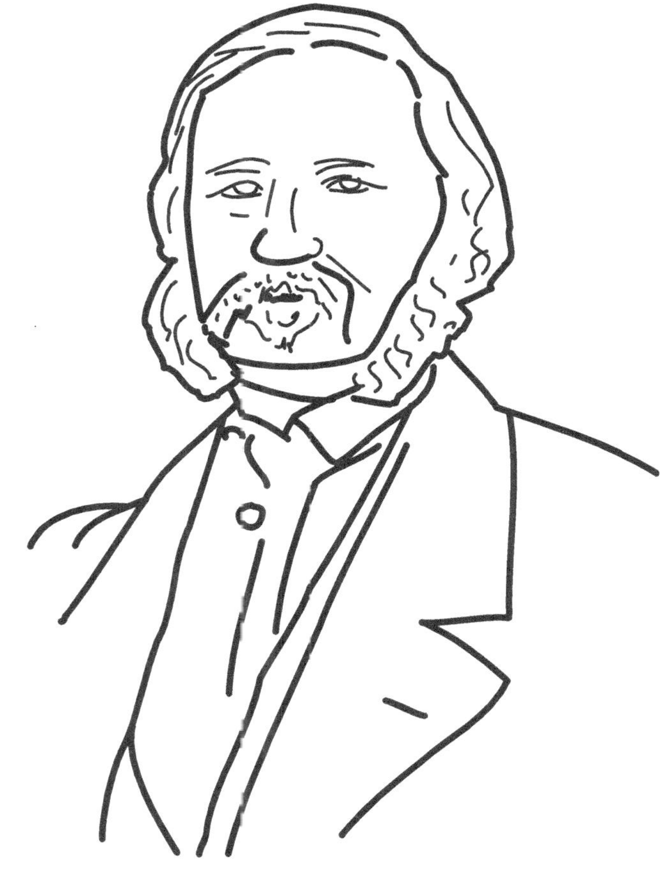

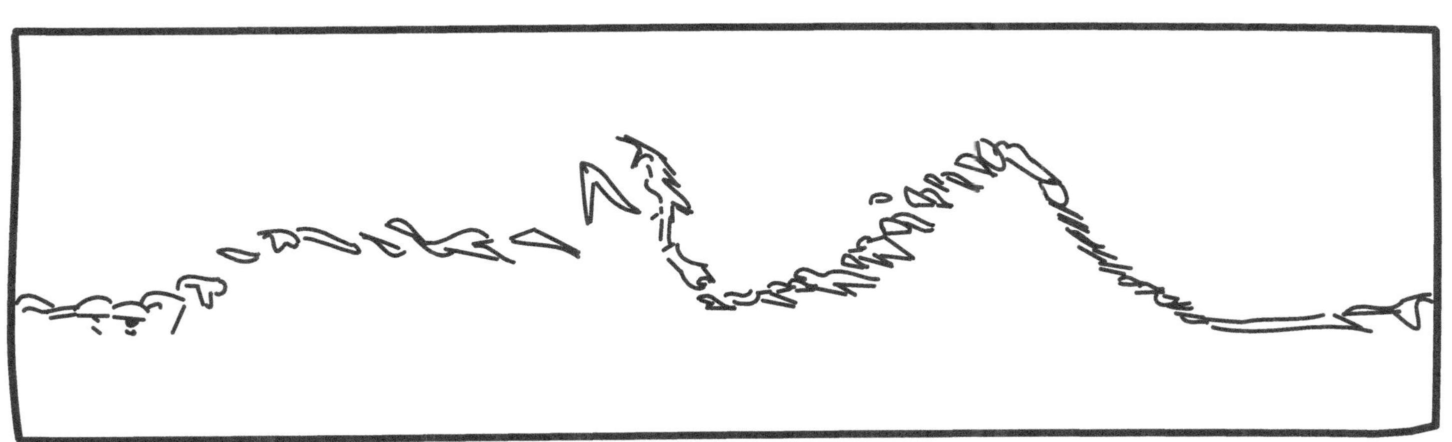

Fonógrafo de papel de aluminio

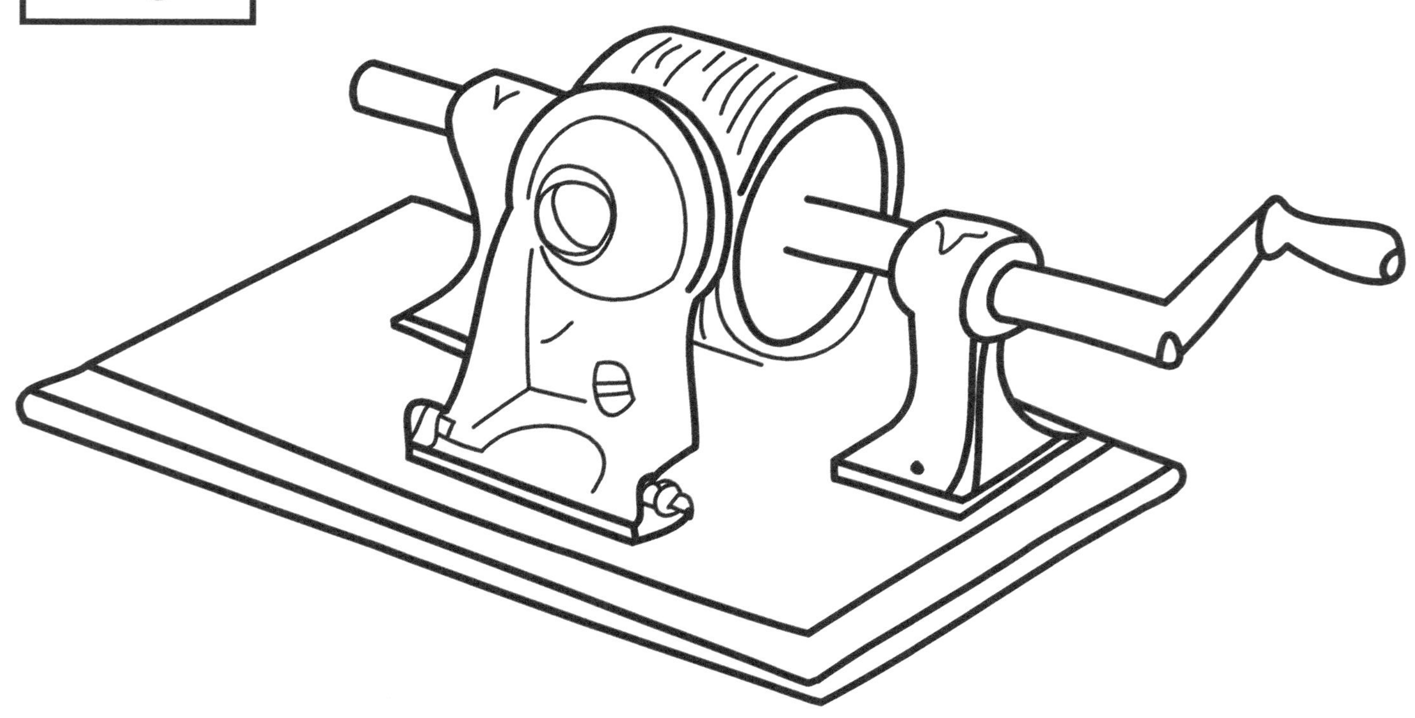

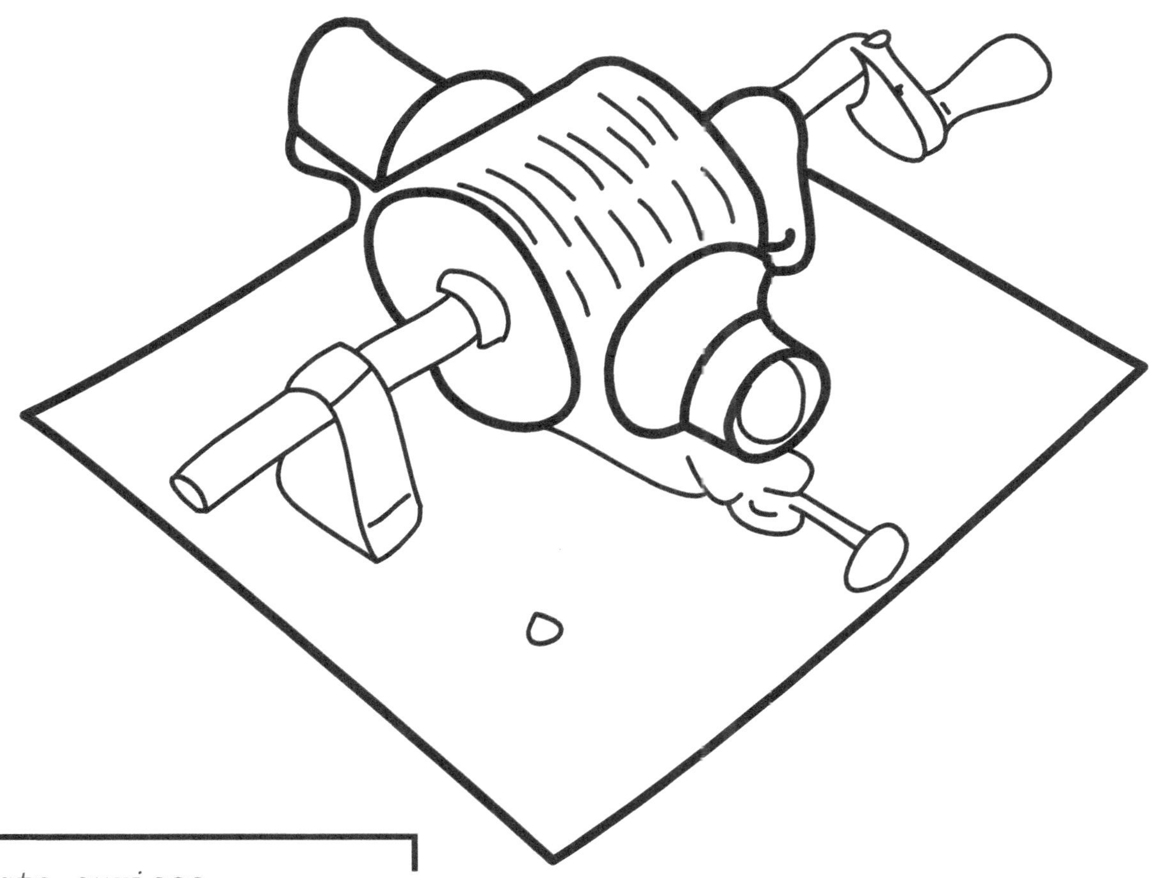

Dato curioso
Si bien este formato era papel
de aluminio envolviendo
un rollo metálico, un
"cilindro fonográfico" se
refiere a su hermano recubierto
de cera y un "disco
fonográfico" se refiere al
disco en forma de disco que
se reproducía en un gramófono

Dato curioso
Este formato podía grabarse
y reproducirse girando
una manivela

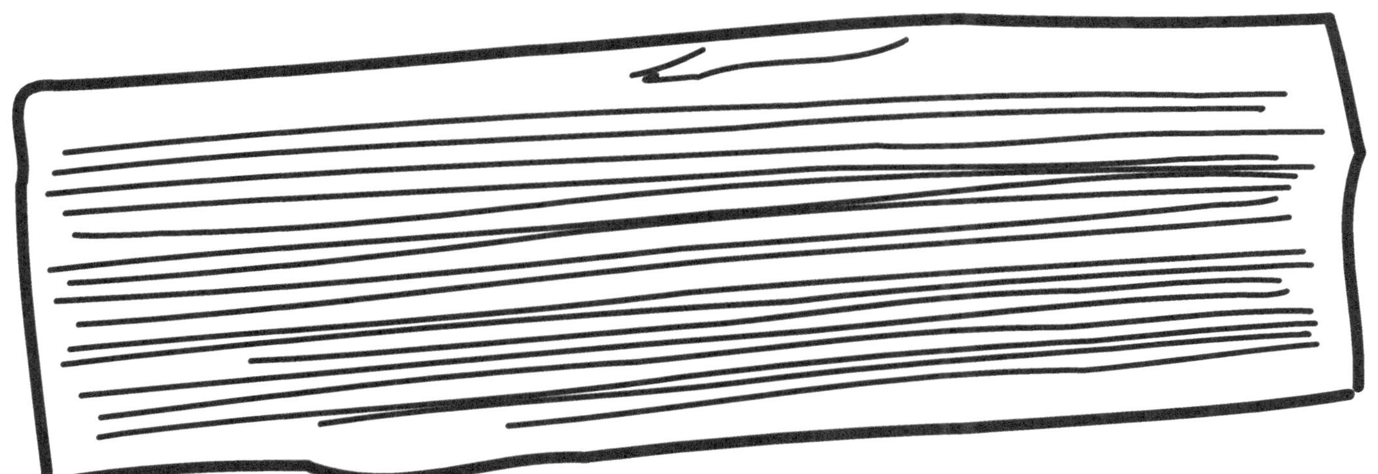

Disco de gramófono

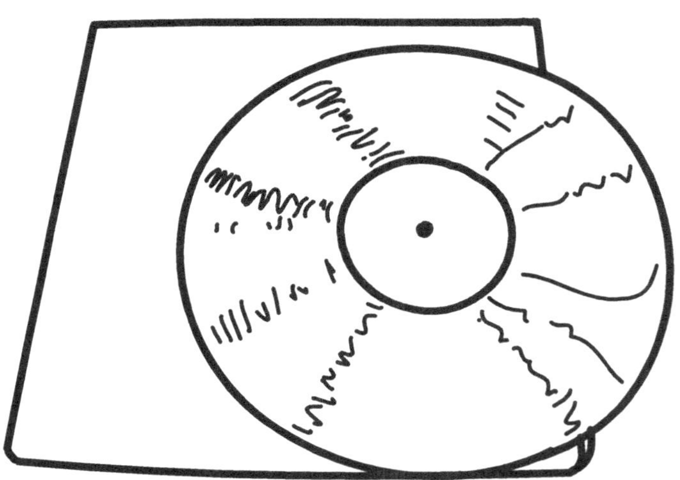

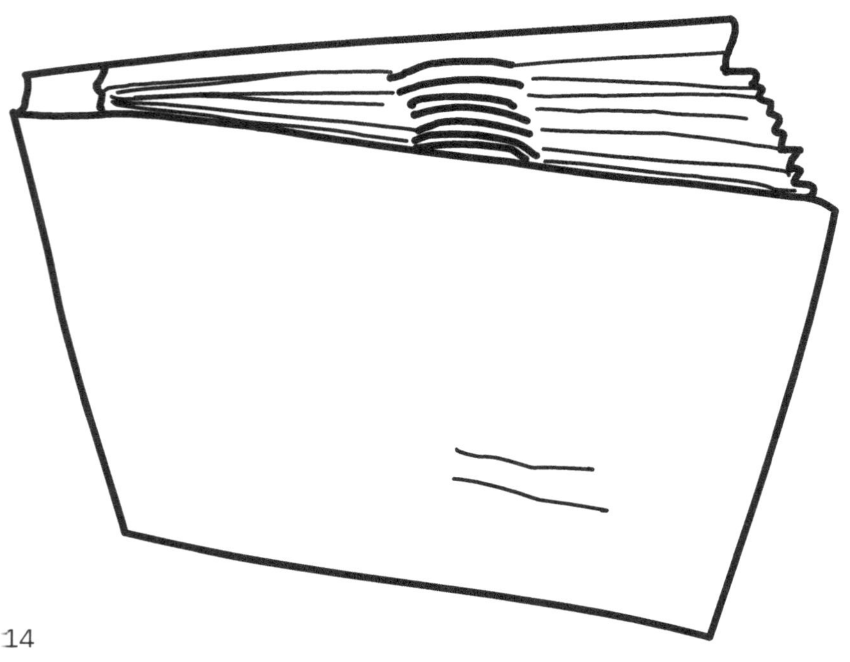

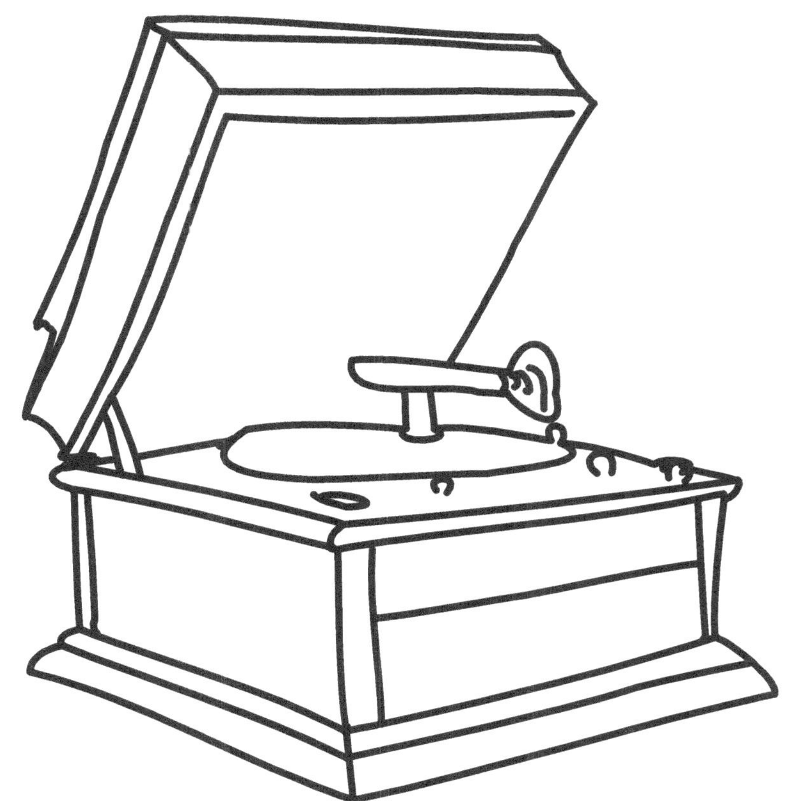

Dato curioso
Los primeros discos en
este formato estaban
hechos de goma laca
(una resina secretada
por insectos lacados)
combinada con otros
materiales

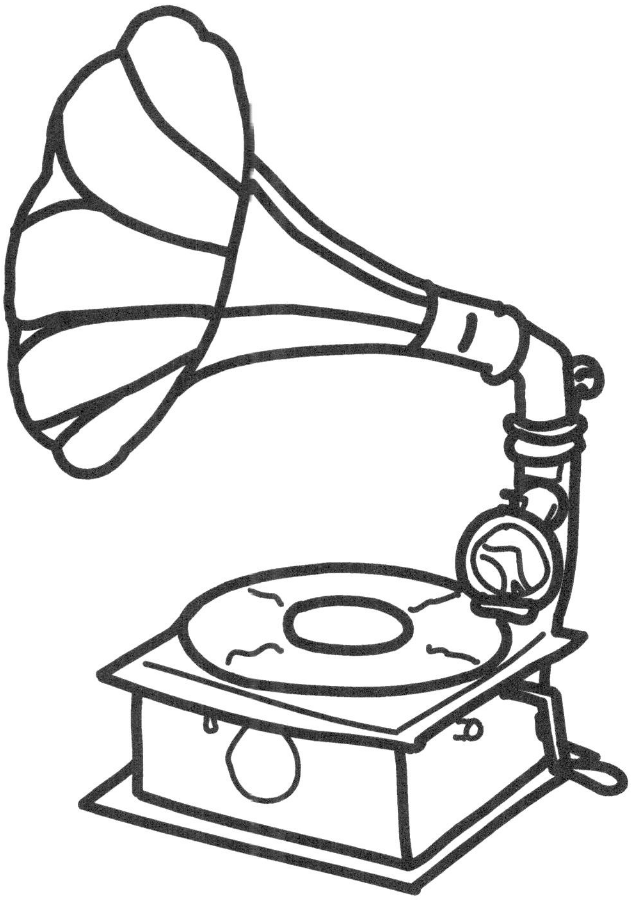

Dato curioso
Las primeras grabaciones
diferían en las velocidades,
que iban de 60 a 130
revoluciones por minuto (rpm),
pero 78 rpm se convirtió
en el estándar de toda la
industria a mediados de la
década de 1920 y hasta la
introducción del disco de
microsurcos en la década
de 1940

Cilindro fonográfico

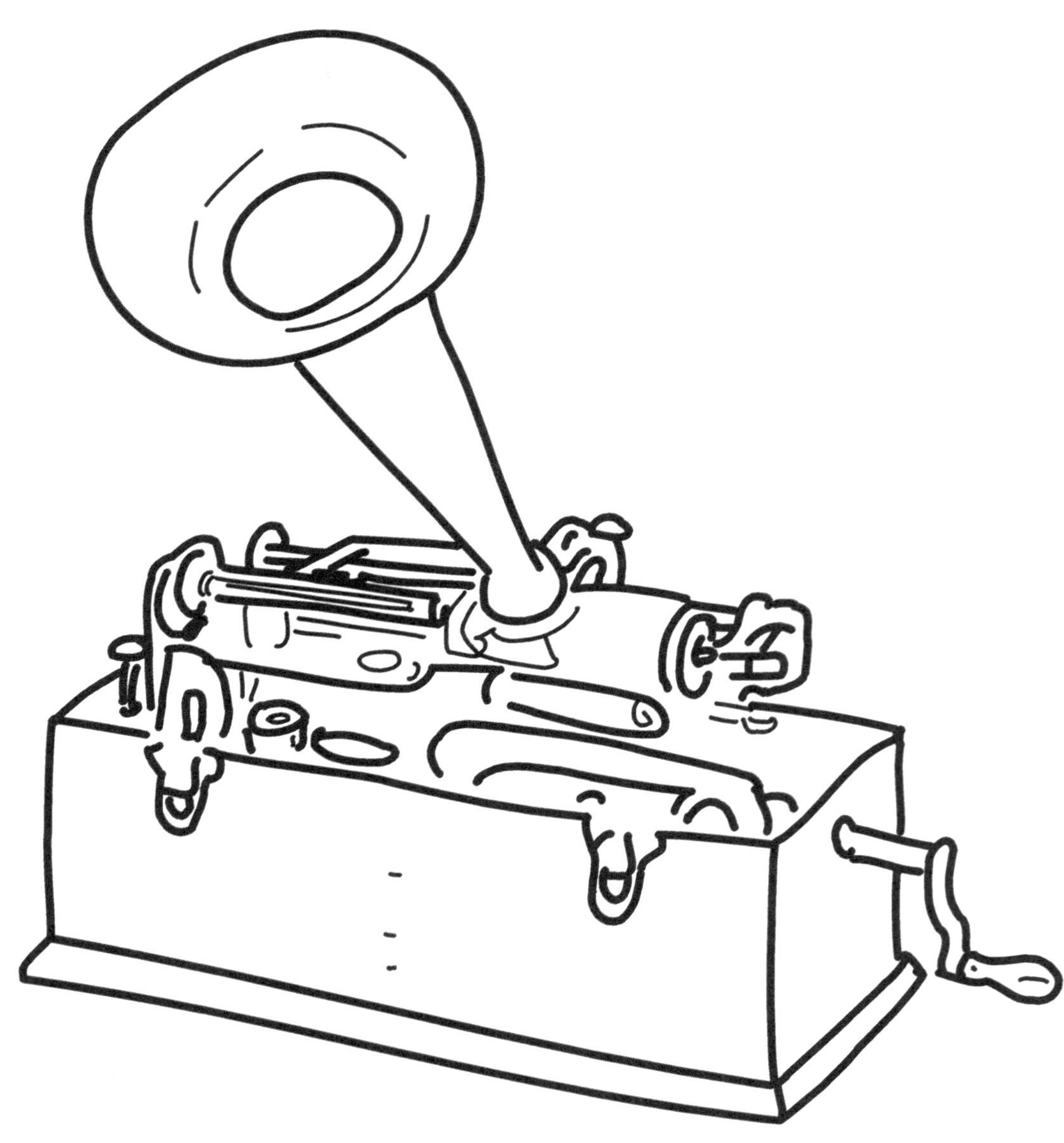

Dato curioso
Este formato tenía varias composiciones de materiales diferentes: cera marrón (jabón metálico), cera moldeada (jabón metálico) y Amberol azul (celuloide)

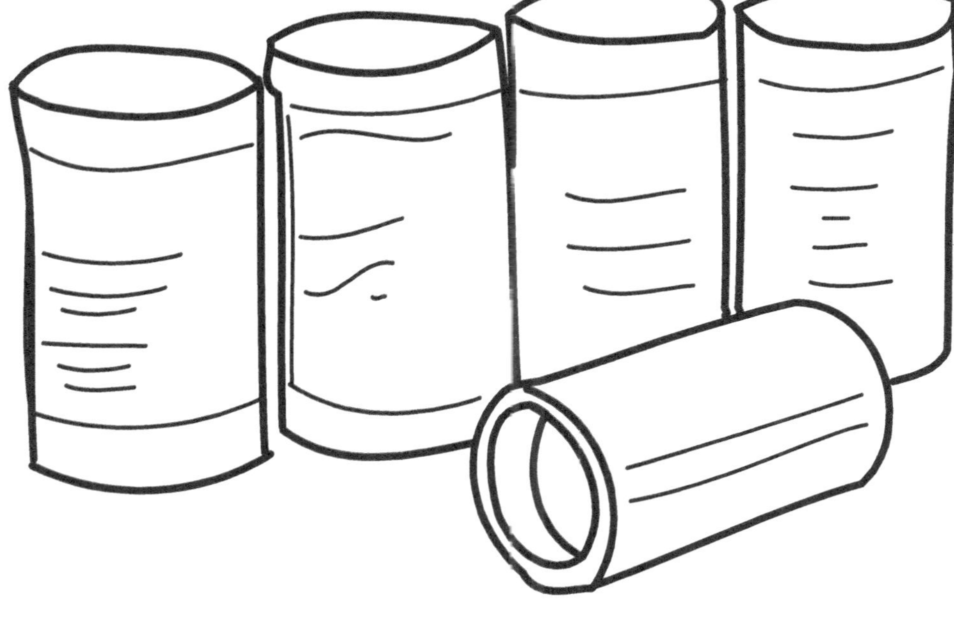

Dato curioso
Los primeros cilindros de cera marrón normalmente se desgastaban tras tocarlos solo unas pocas docenas de veces

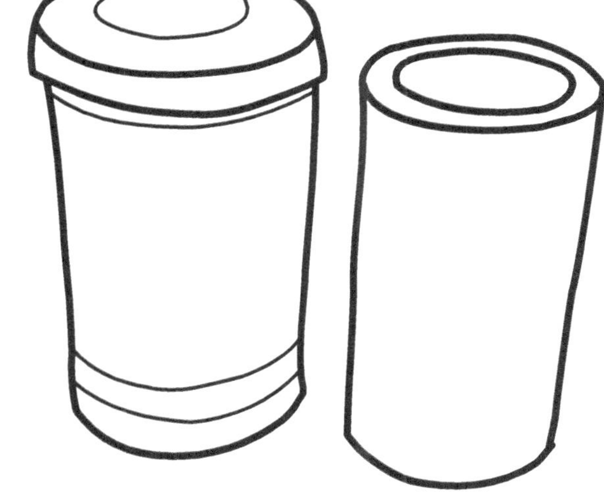

Dato curioso
Si bien este formato era típicamente de 2,25 pulgadas de diámetro y cerca de 4,25 pulgadas de largo, podían ser más pequeños (1,33 pulgadas de diámetro) o más grandes (5 pulgadas de diámetro)

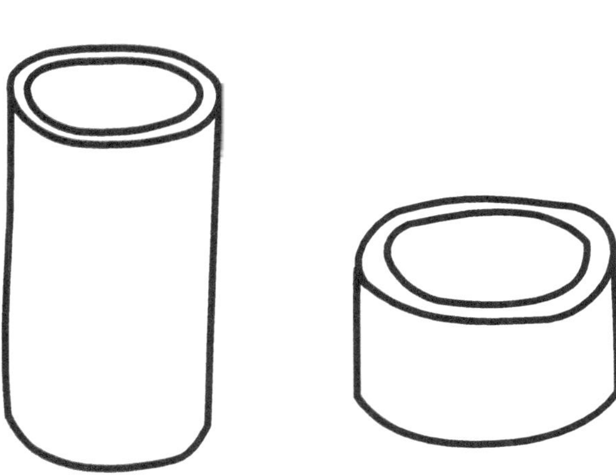

Magnetófono de alambre

Formato
analógico

También conocido como
Telegráfono

Dato curioso
Este es un formato de audio magnético donde las grabaciones se realizan en alambre delgado de acero o acero inoxidable

Era
1894–década de 1960

Desarrollado por
Valdemar Poulsen

Tamaño
2 3/4–3 3/4 pulgadas (diámetro)
3/4–1 1/4 pulgadas (espesor)

Capacidad
1 hora

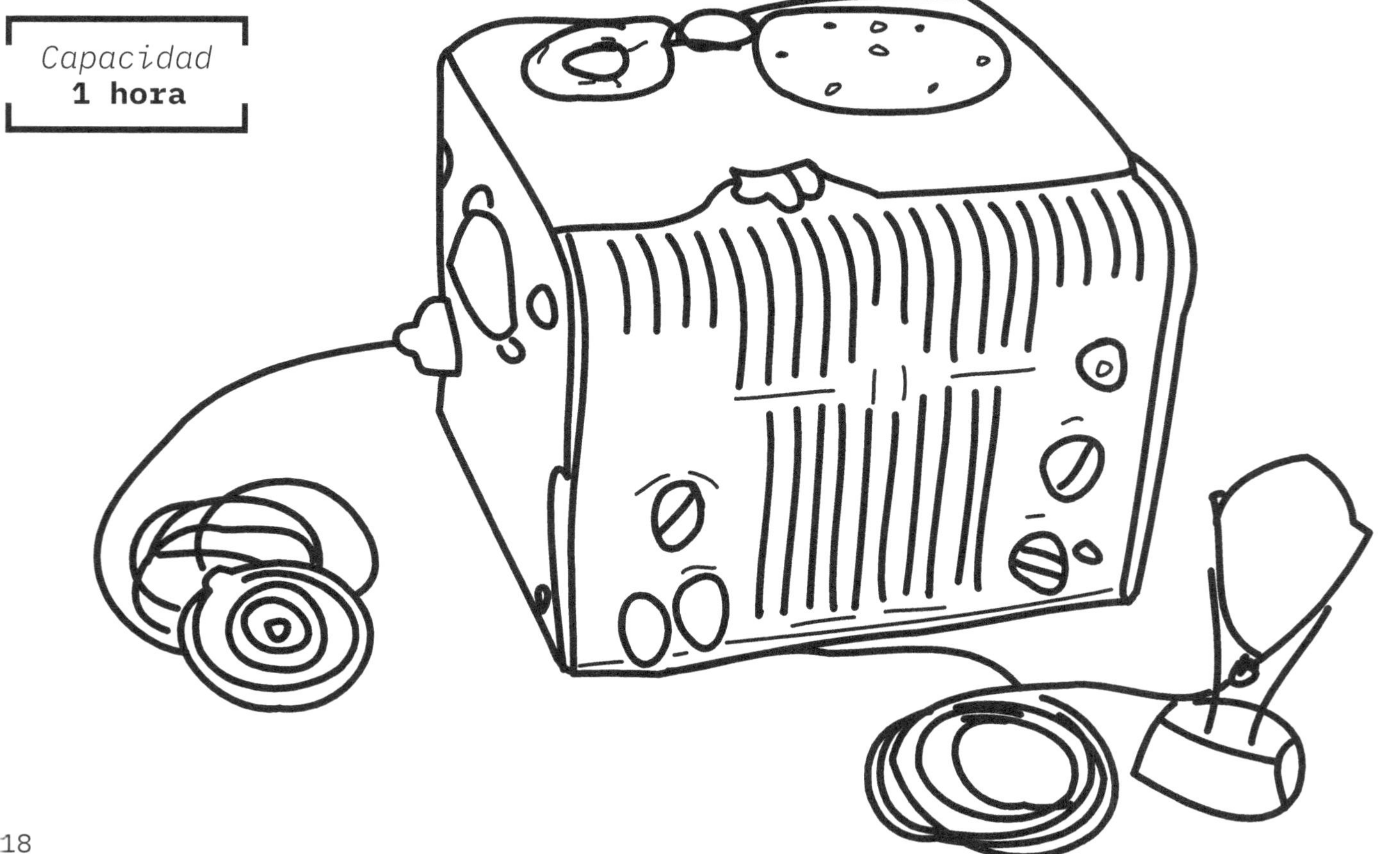

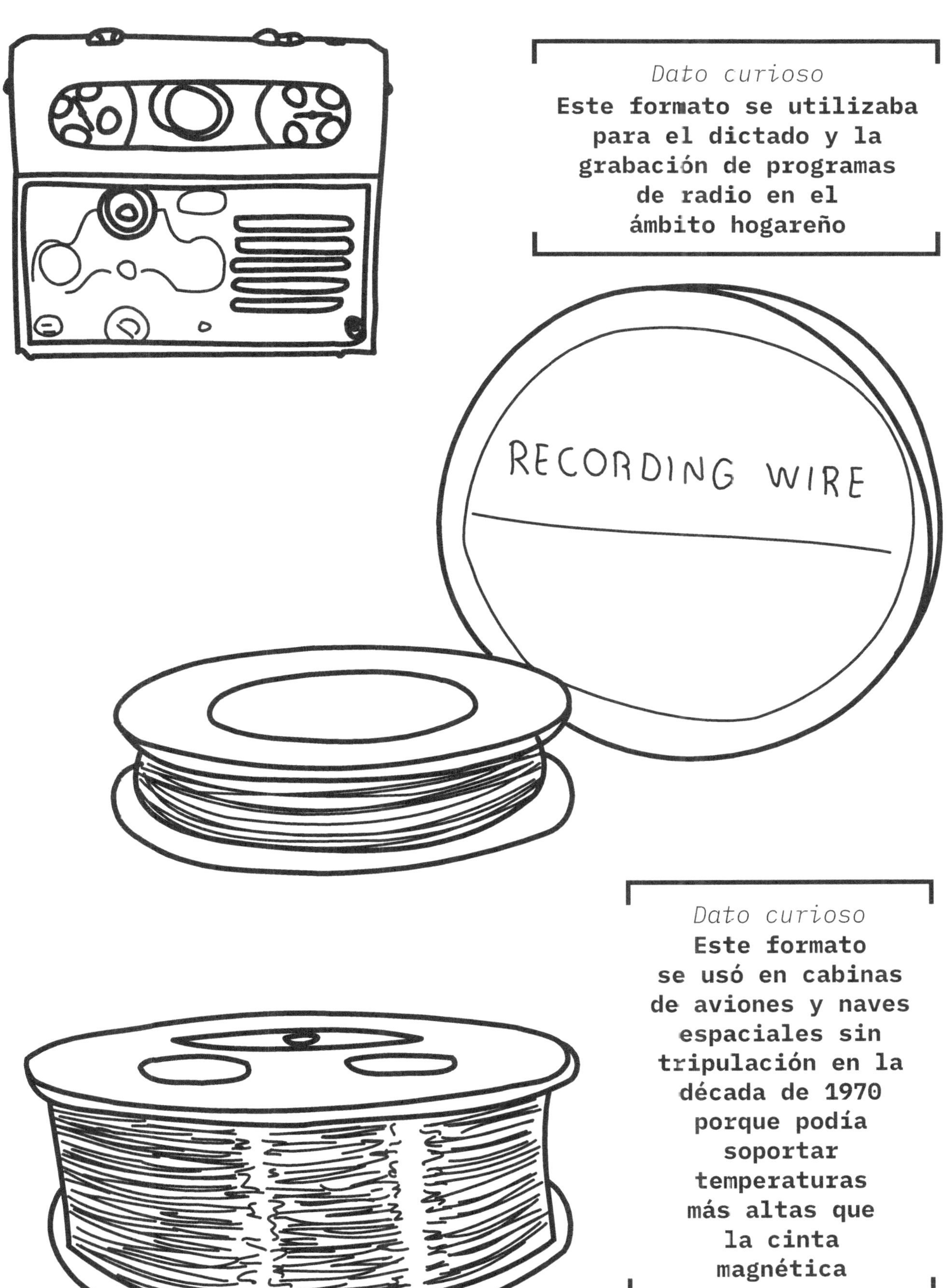

RECORDING WIRE

Dato curioso
Este formato se utilizaba
para el dictado y la
grabación de programas
de radio en el
ámbito hogareño

Dato curioso
Este formato
se usó en cabinas
de aviones y naves
espaciales sin
tripulación en la
década de 1970
porque podía
soportar
temperaturas
más altas que
la cinta
magnética

Sonido óptico

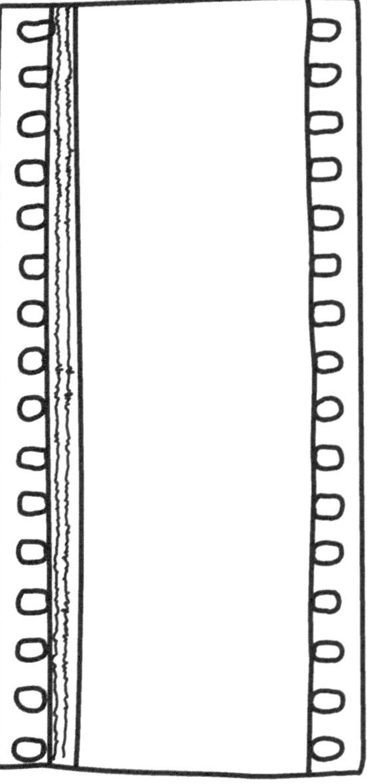

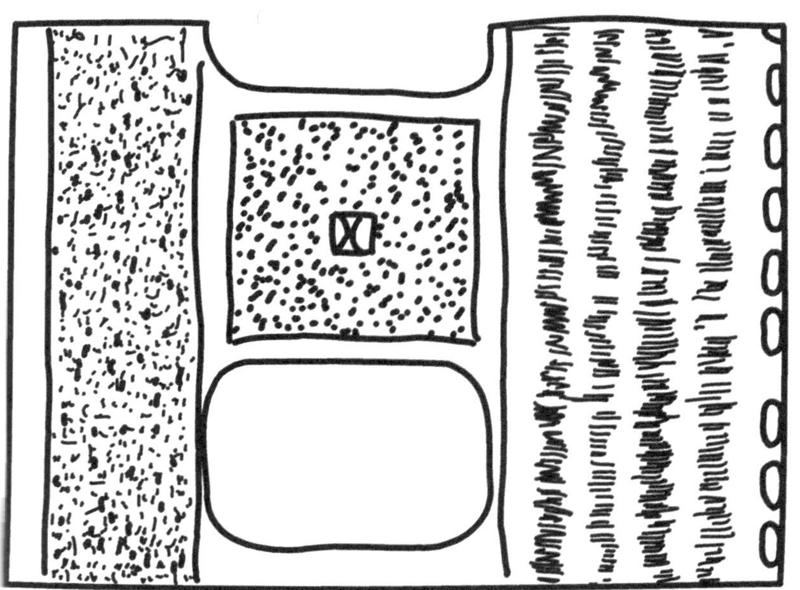

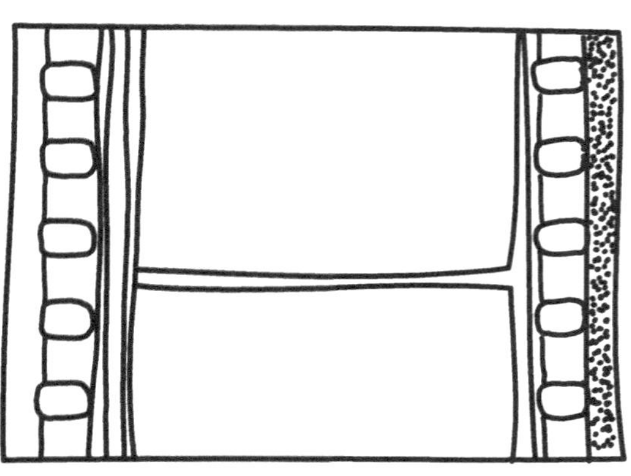

Dato curioso
Este formato
incluye cualquier
proceso en el
que el audio se
transforma en una
representación
visual y se imprime
en una película,
ya sea junto
con imágenes en
movimiento o
separado de ellas

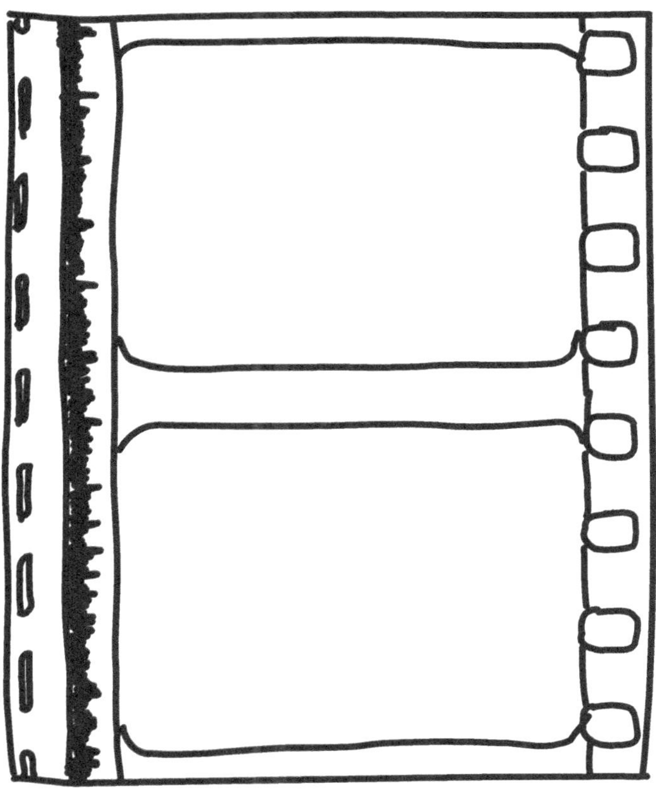

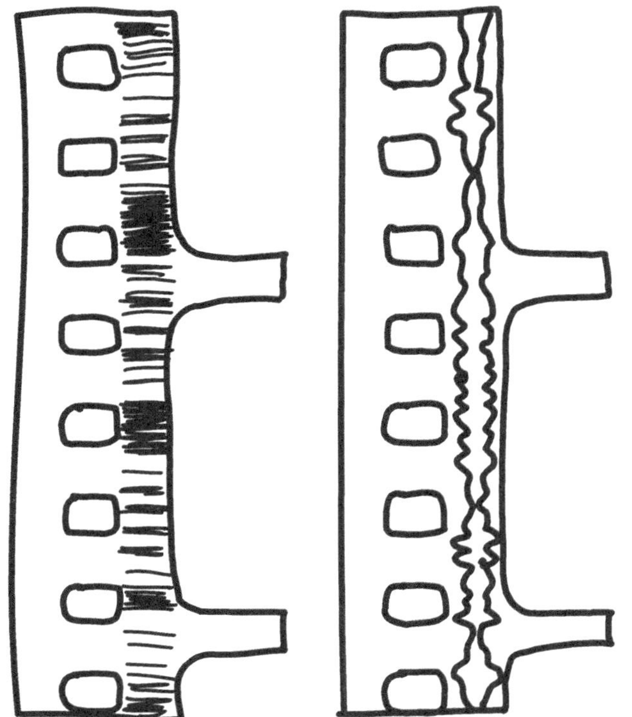

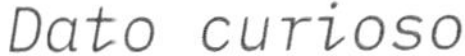

Dato curioso
Este proceso puede ser
una pista de sonido
analógica o una pista
de sonido digital, y
la señal se puede
grabar óptica o
magnéticamente

Dato curioso
Antes de esta invención,
la banda sonora de una
película se reproducía en
un disco fonográfico separado
o era interpretada en vivo

Magnetófono de carrete abierto

Era
1927–década de 1980

Formato
analógico

Desarrollado por
Fritz Pfleumer

Capacidad
Varios

Tamaño
Varios

También conocido como
Magnetófono o magnetofón, cinta magnética, carrete a carrete, audio de carrete abierto

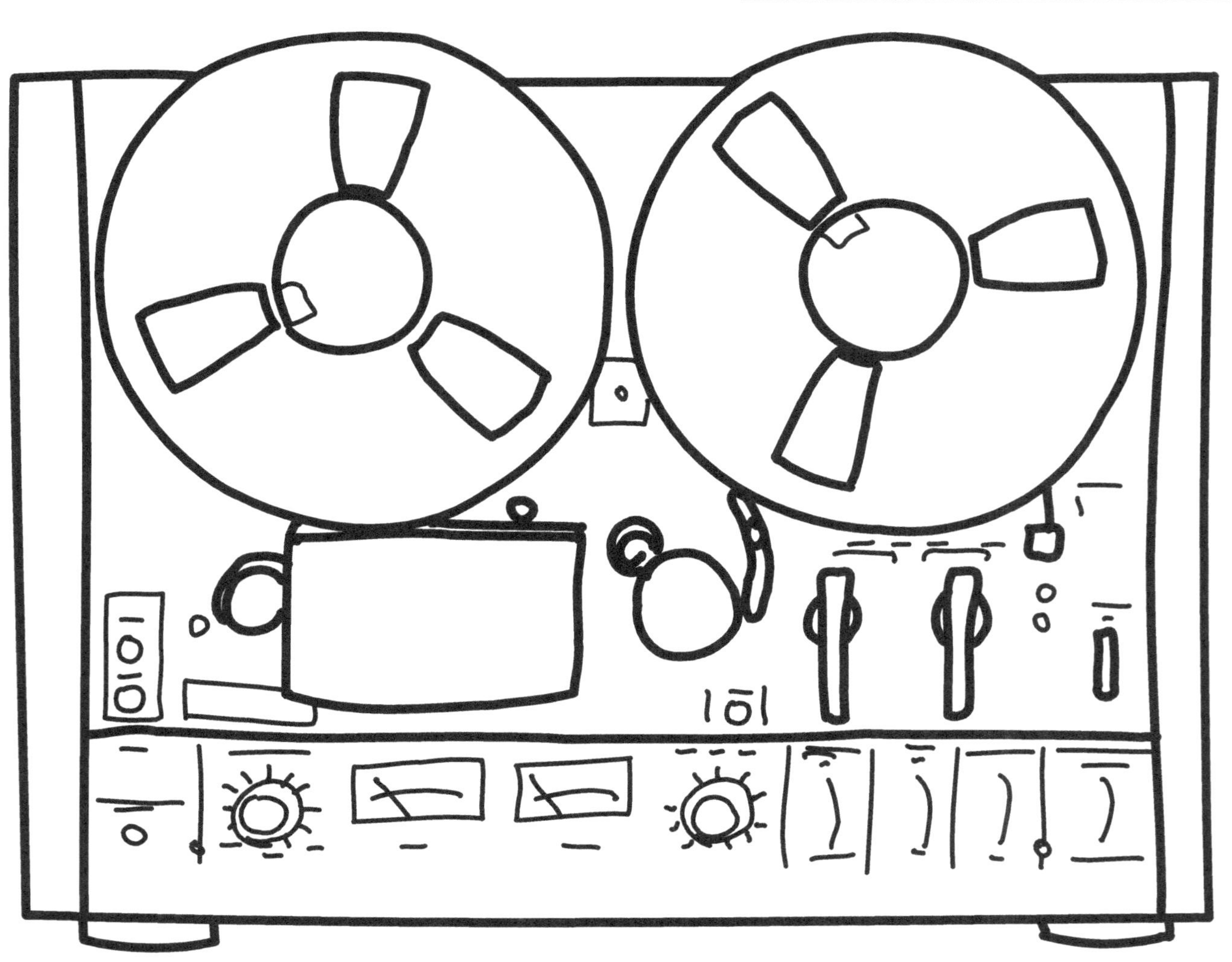

Dato curioso
Una velocidad
de cinta común
es de 7 1/2
pulgadas por
segundo (ips);
otras velocidades
de grabación
son 3 3/4, 15
y 30 ips

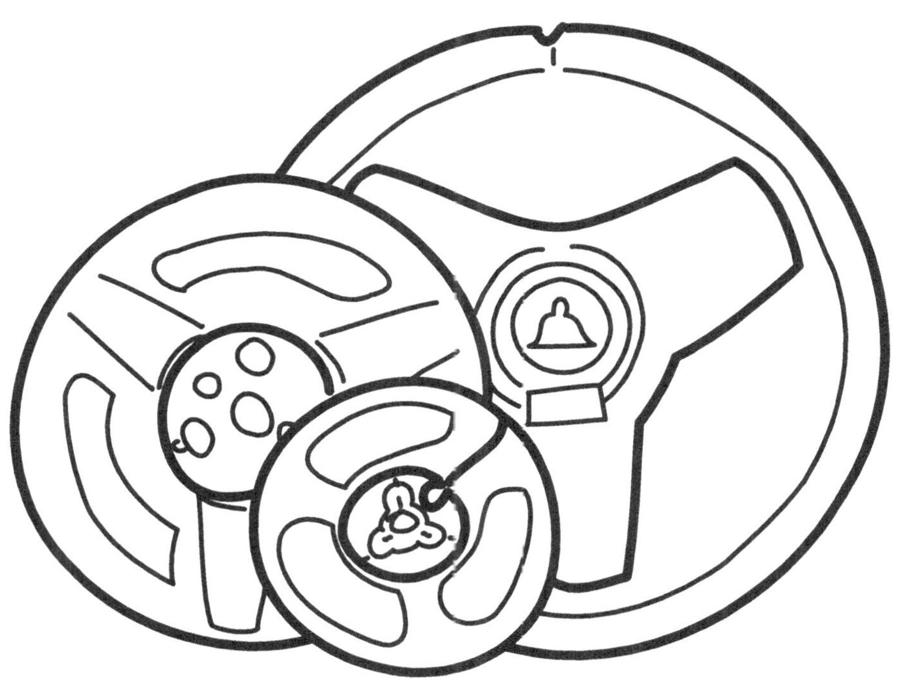

Dato curioso
Este fue el formato
principal utilizado
por los estudios de
grabación profesionales
hasta finales de la
década de 1980

Dato curioso
Este formato está disponible
en muchos anchos: 1/4, 1/2,
1 y 2 pulgadas son los
anchos más comunes

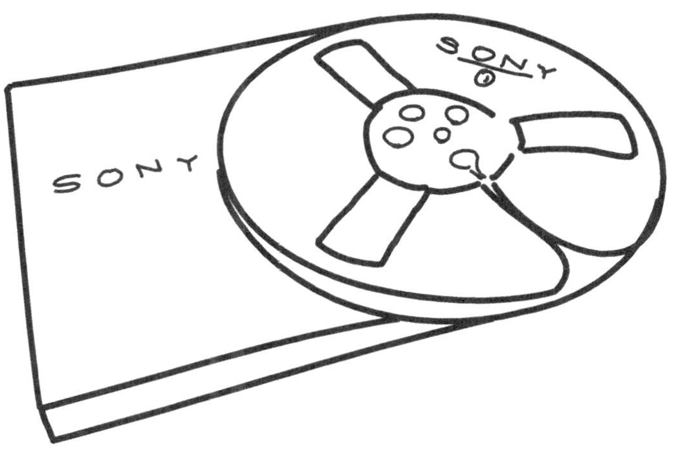

SONY
SONY

Tefifón

Formato
analógico

Era
1936–1965

Desarrollado por
Sony

También conocido como
Tefi

Capacidad
Pequeño: 18 minutos
Mediano: 1 hora
Grande: 4 horas

Dato curioso
Este formato usaba una banda de plástico de bucle infinito en la que se grababan ranuras y se reproducían con un lápiz óptico

Tamaño
Pequeño: 4,5 × 8 × 8,5 cm
Mediano: 4,5 × 9,6 × 11,2 cm
Grande: 4,5 × 13,5 × 15,7 cm

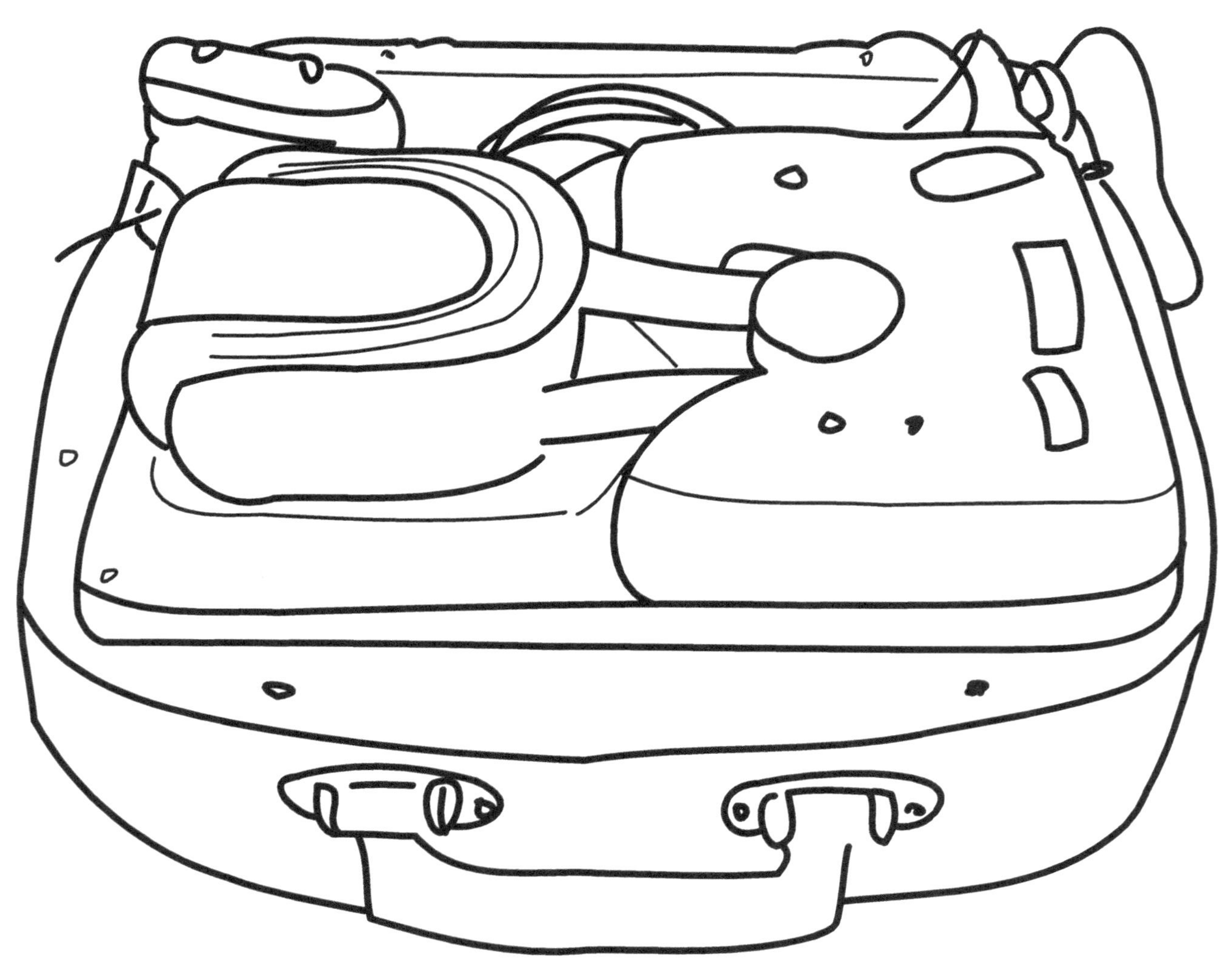

Dato curioso
La calidad de sonido de este formato
era mayor que los discos Gramófono,
pero menor que los discos Microsurco

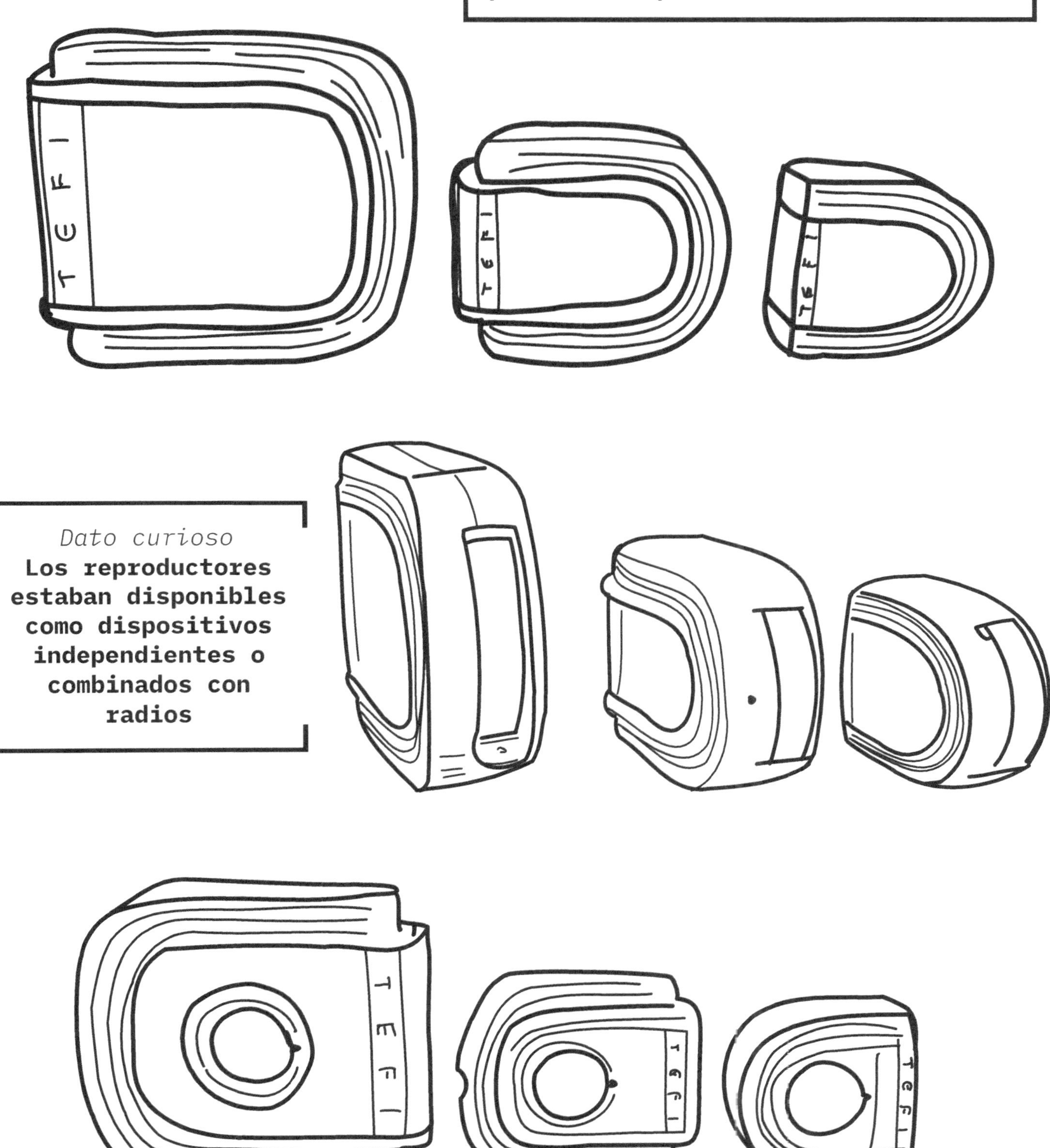

Dato curioso
Los reproductores
estaban disponibles
como dispositivos
independientes o
combinados con
radios

Dictabelt

Formato
analógico

Era
1947–1980

Desarrollado por
American Dictaphone

Tamaño
8,9 × 30 × 0,013 cm

Capacidad
Velocidad estándar: 15 minutos
A media velocidad: 30 minutos

También conocido como
Dictáfono,
Memobelt (en inglés)

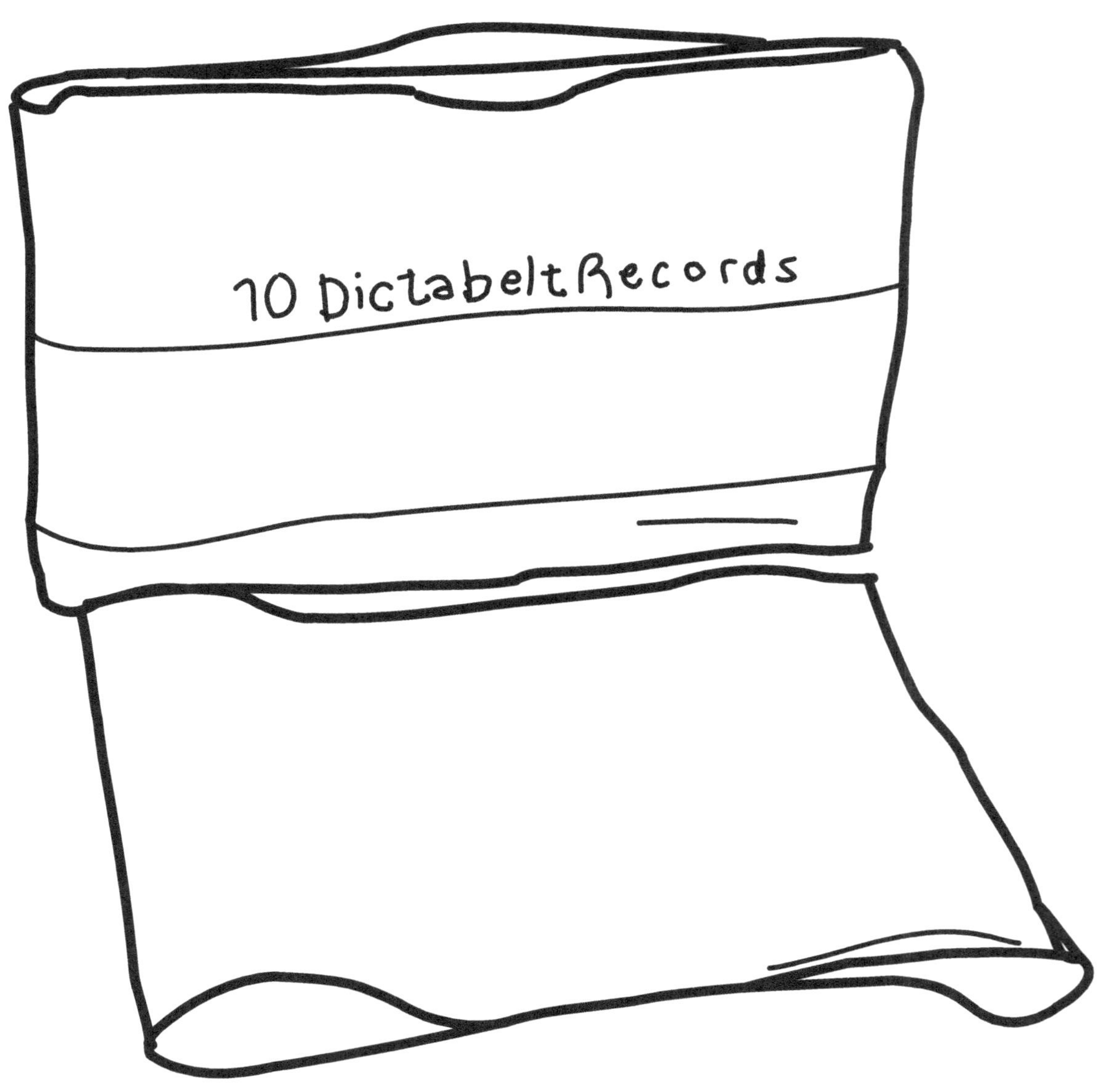

Dato curioso
Los Dictabelts fueron rojos hasta 1964, azules de 1964 a 1975, luego morados hasta que se descontinuaron

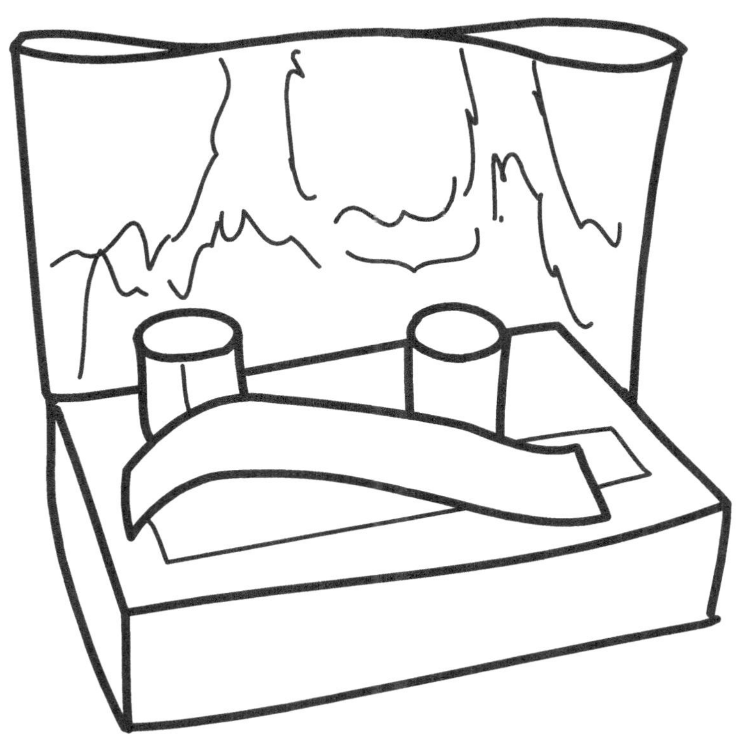

Dato curioso
Este formato era más conveniente y tenía una mejor calidad de audio que los cilindros de cera reutilizables

Dato curioso
Este formato podía plegarse y caber en un sobre estándar de tamaño carta

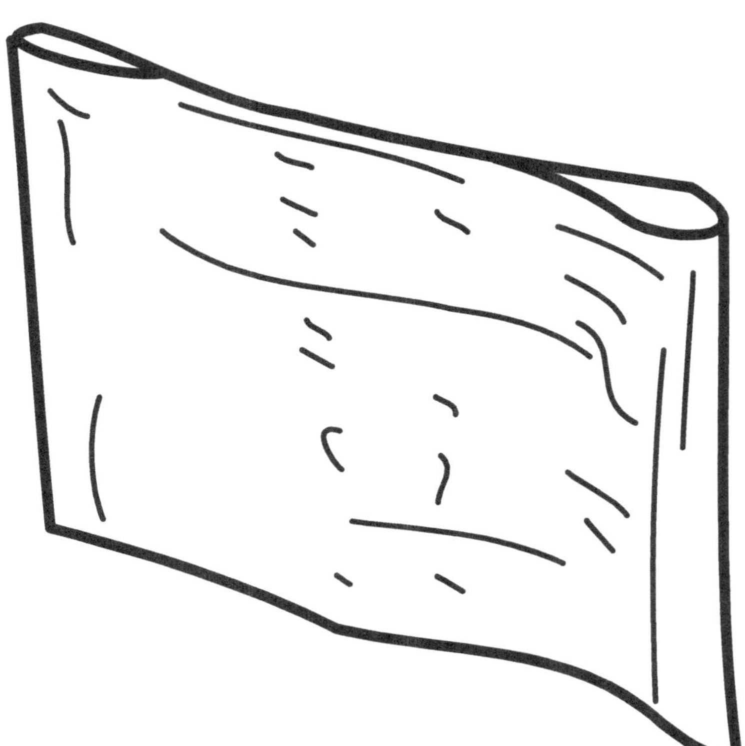

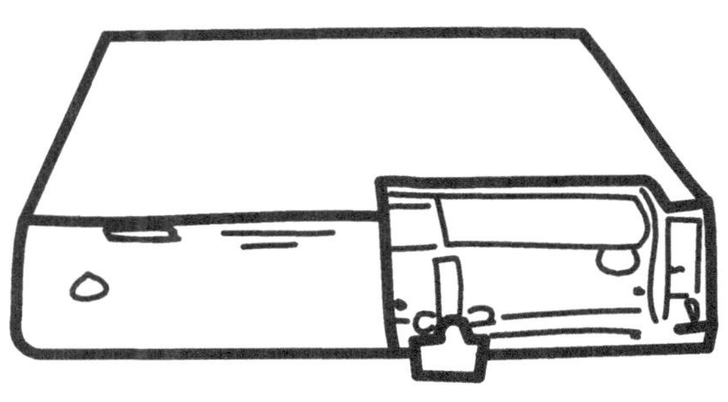

Discos de microranura

Era
1948–

Tamaño
7, 10 y 12 pulgadas

También conocido como
**45s, LP,
disco, vinilo**

Capacidad
**7 pulgadas: 3 minutos (de cada lado)
10 pulgadas: 15 minutos (de cada lado)
12 pulgadas: 25 minutos (de cada lado)**

Desarrollado por
Columbia Records

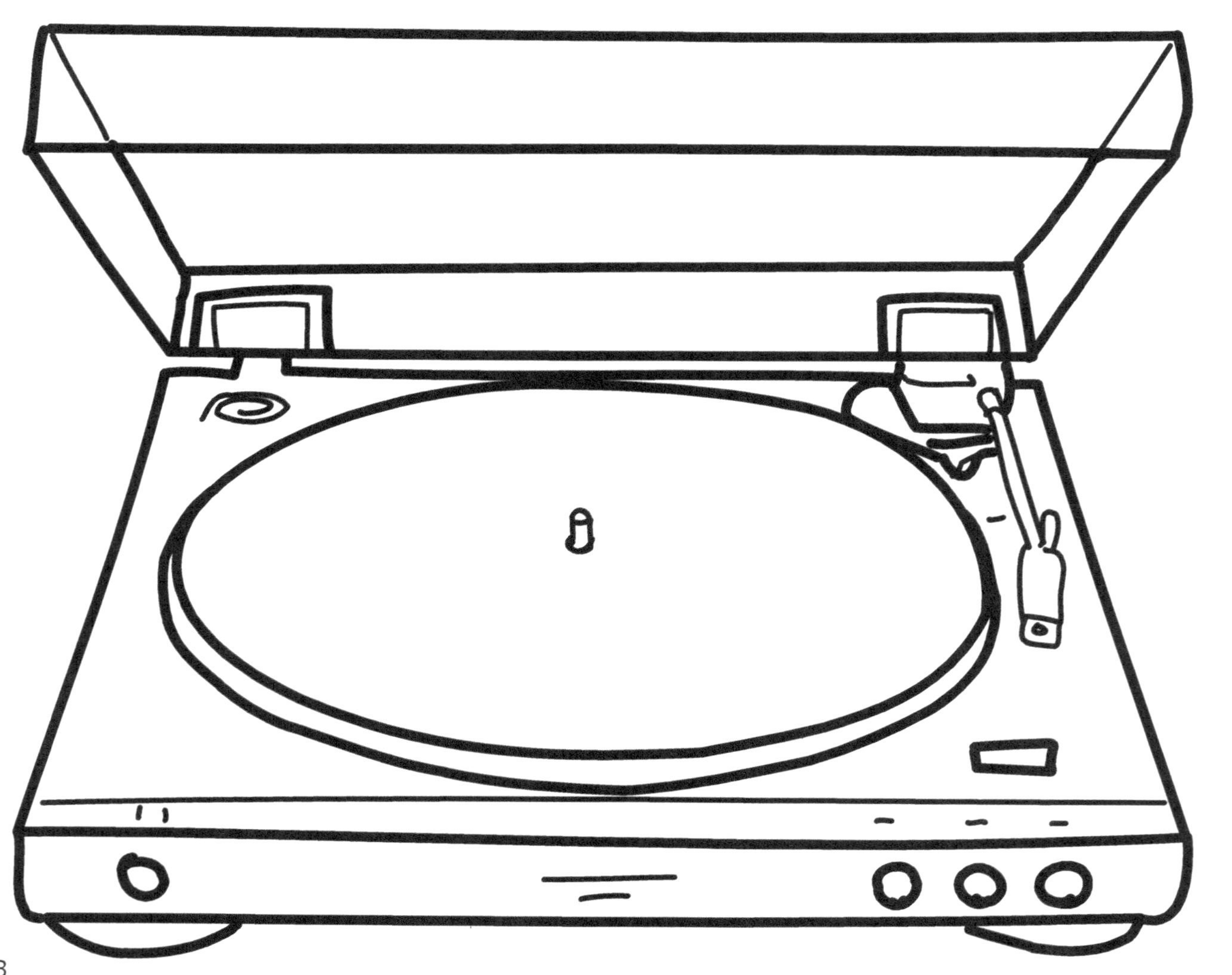

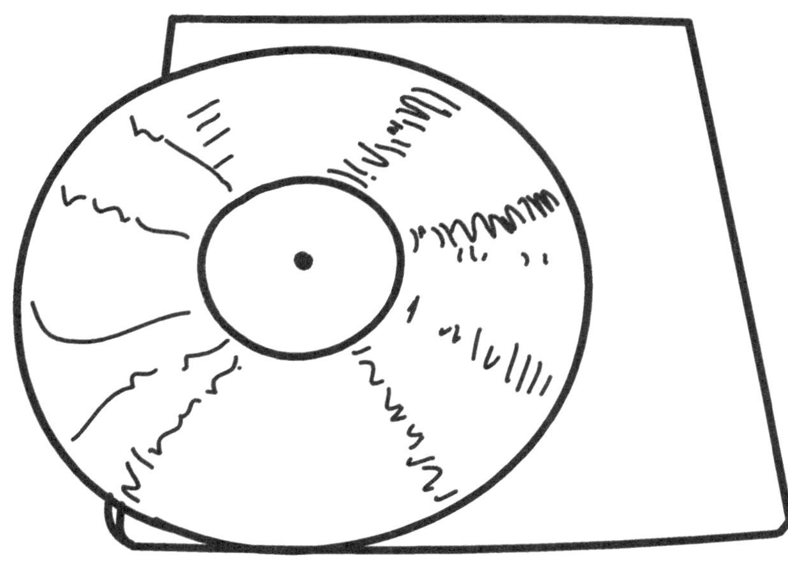

Dato curioso
La versión más conocida de este formato hoy en día es un disco de 12 pulgadas reproducido a 33 ⅓ rpm (revoluciones por minuto)

Dato curioso
Una versión anterior a este formato fue creada por RCA Victor en 1931, destinada a usarse como discos de transcripción

Dato curioso
Este formato es una versión actualizada del disco de gramófono y fue adoptado como el nuevo estándar por toda la industria discográfica

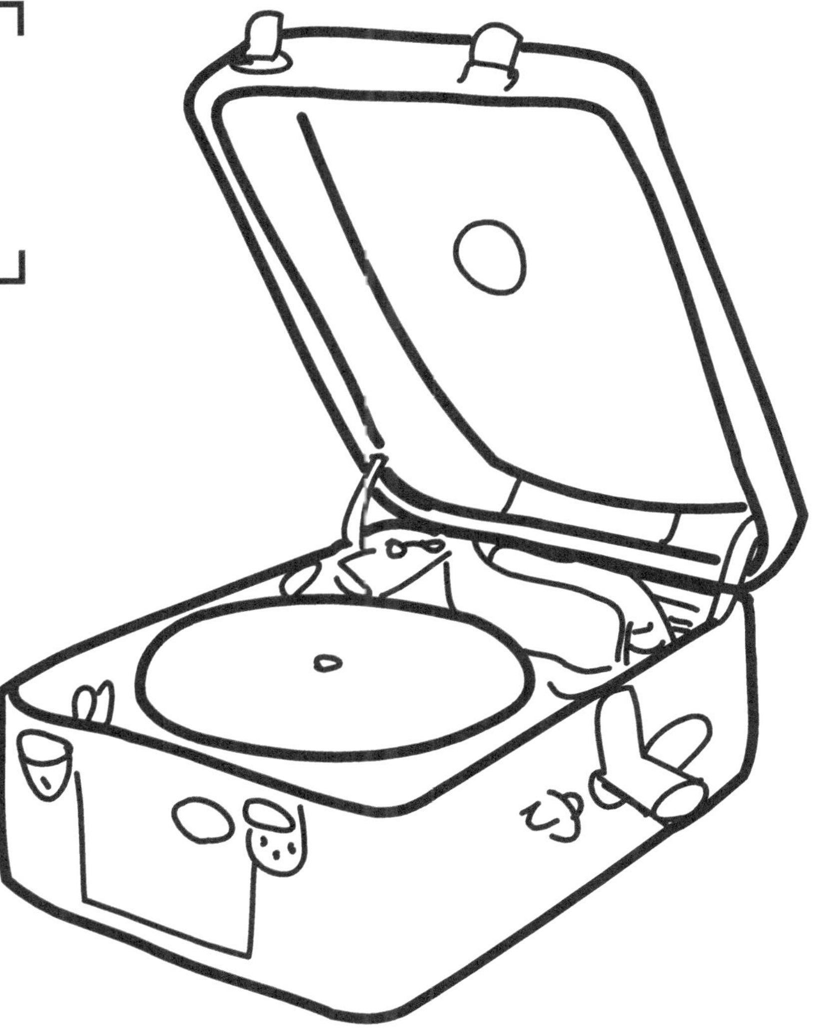

Minifon de alambre

Era
1951–1967

Desarrollado por
Monske & Co GmbH

También conocido como
Minifon P55

Tamaño
**Carretes de hasta
3 pulgadas**

Capacidad
Corto: 2,5 horas
Largo: 5 horas

Dato curioso
Este formato venía
con complementos
como micrófonos
disfrazados de
solapas o relojes

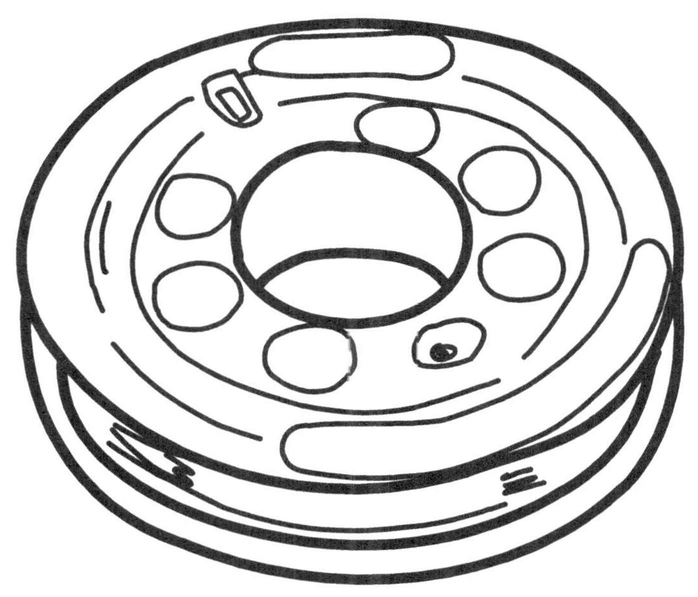

Dato curioso
Este formato fue
utilizado por agencias
gubernamentales
estatales para
grabaciones
encubiertas

Dato curioso
Incluyendo
batería y
carretes,
este formato
pesaba menos
de 28 onzas
(casi 0,80
kilos)

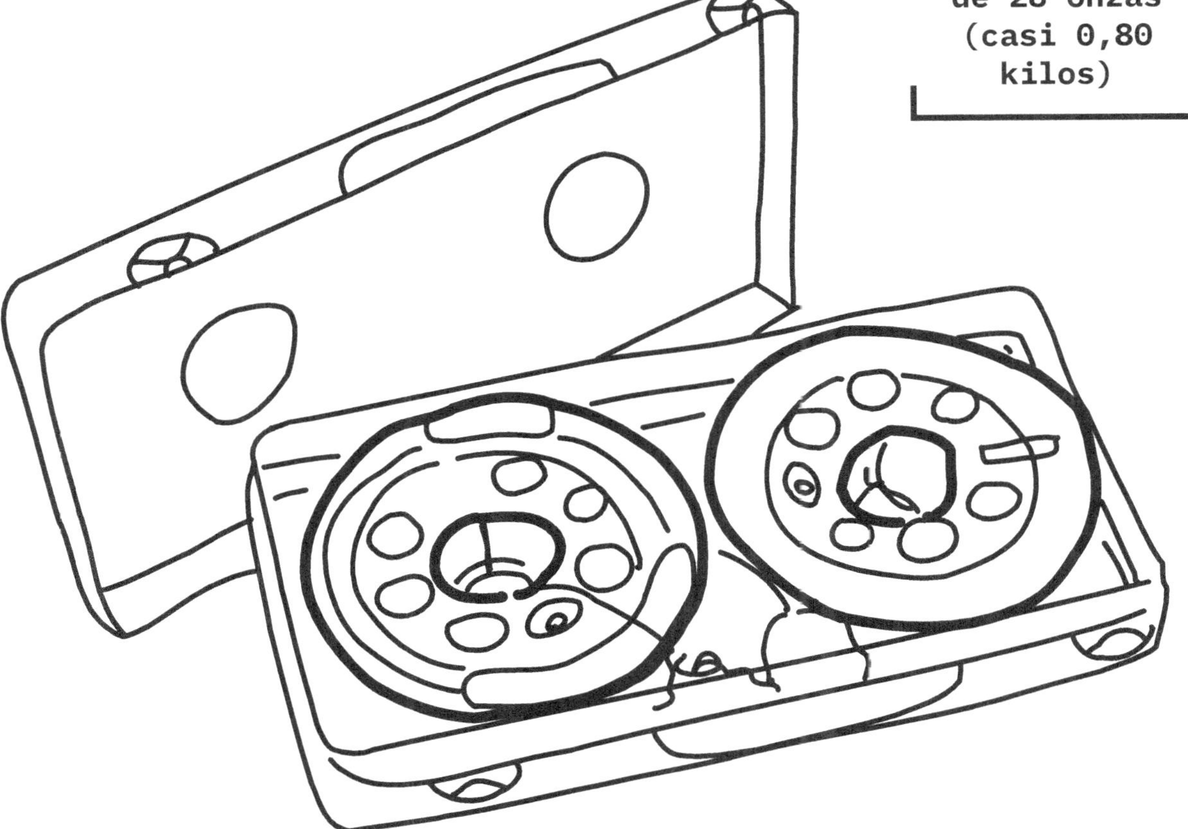

Fidelipac

Formato
analógico

Era
**1954–década
de 1990**

Capacidad
Tamaño A: 10 minutos
Tamaño B: 20 minutos
Tamaño C: 30 minutos

Tamaño
Tamaño A: 10.1 × 13.3 × 2.2 cm
Tamaño B: 15.2 × 17.8 × 2.2 cm
Tamaño C: 19.4 × 21.6 × 2.2 cm

Dato curioso
**Este formato se utilizó en
la radiodifusión para la
reproducción de material como
comerciales de radio o jingles**

También conocido como
**cartucho NAB, cartucho
de cinta, «cart»**

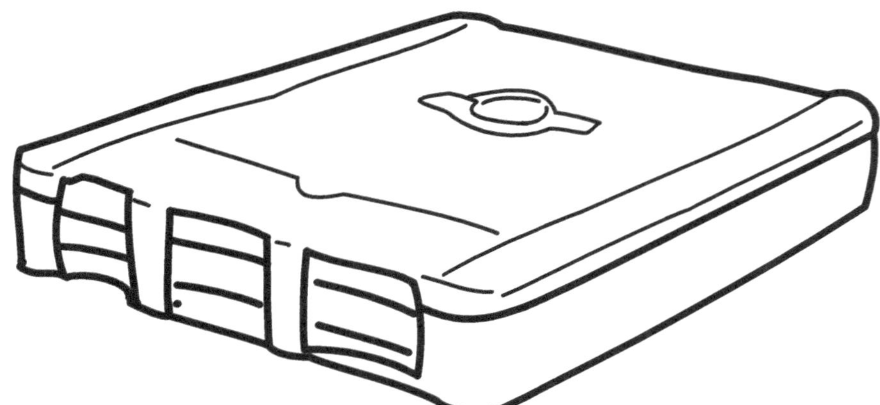

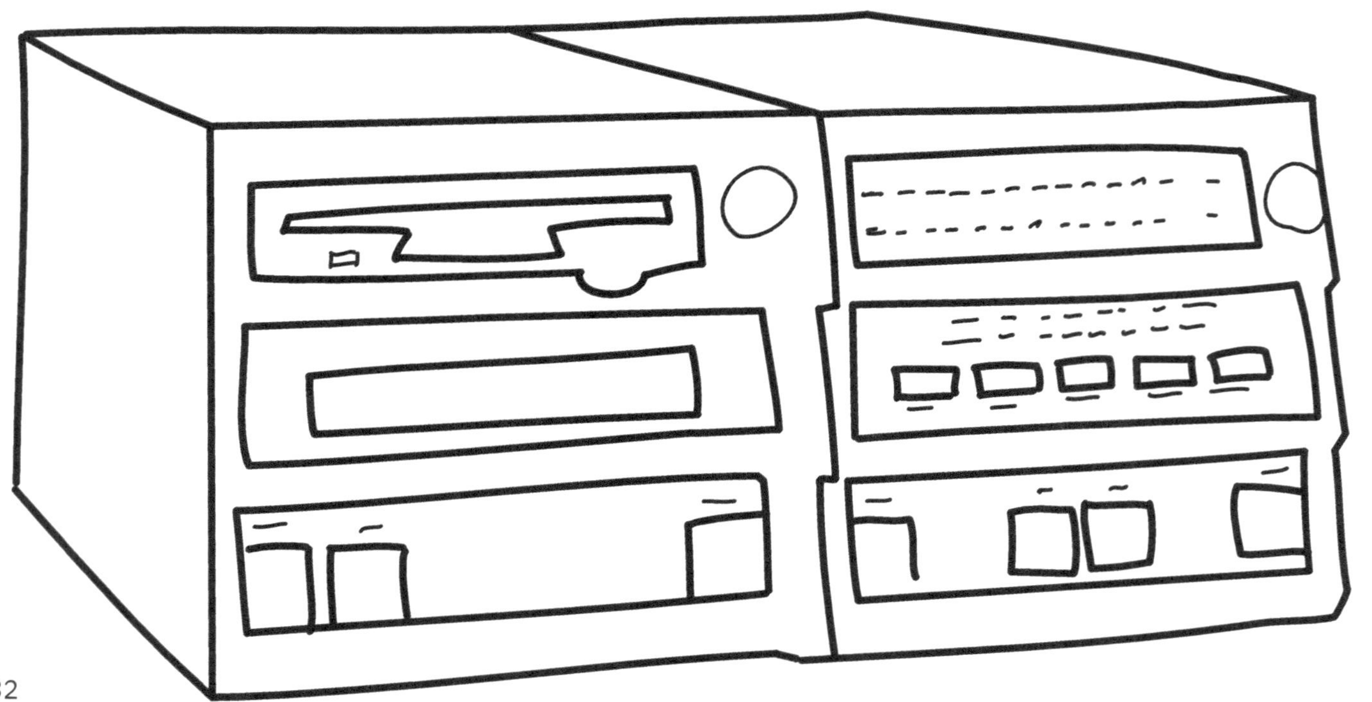

Desarrollado por
George Eash*

Dato curioso
***La invención de este formato se atribuye a George Eash y a Vern Nolte (Automatic Tape Company)y se basa en el diseño de cartucho de cinta magnética de bucle infinito de Bernard Cousino**

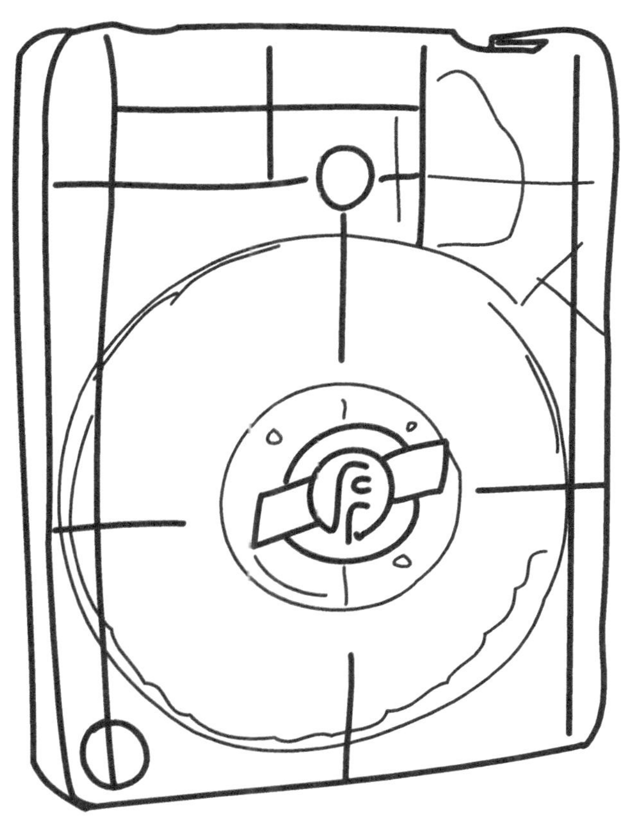

Dato curioso
El tamaño A se usaba para la transmisión de comerciales, y los tamaños B y C generalmente para música de fondo

Stenorette

Formato
analógico

Era
**1954–década
de 1970**

Desarrollado por
Grundig

Capacidad
45 minutos

Tamaño
3 pulgadas

GRUNDIG
CASSETTE

stenorette

Dato curioso
**El lanzamiento
inicial de este
formato fue apodado
"rana de árbol" por
su color verde**

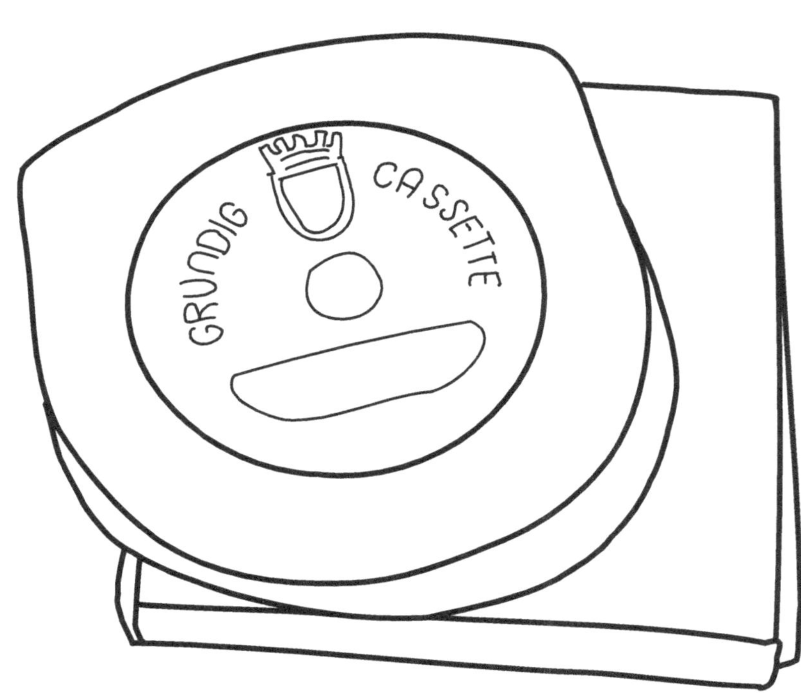

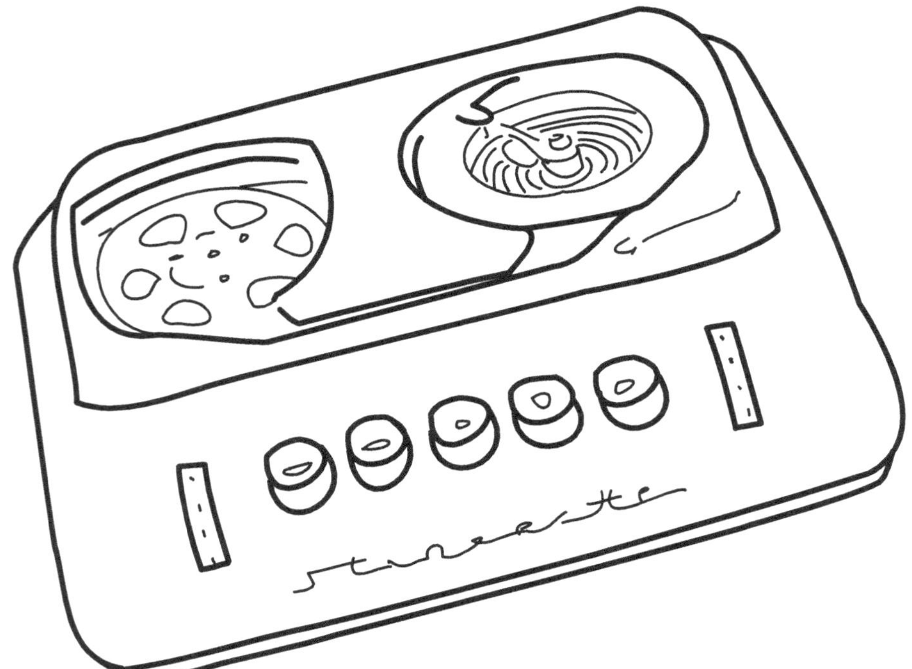

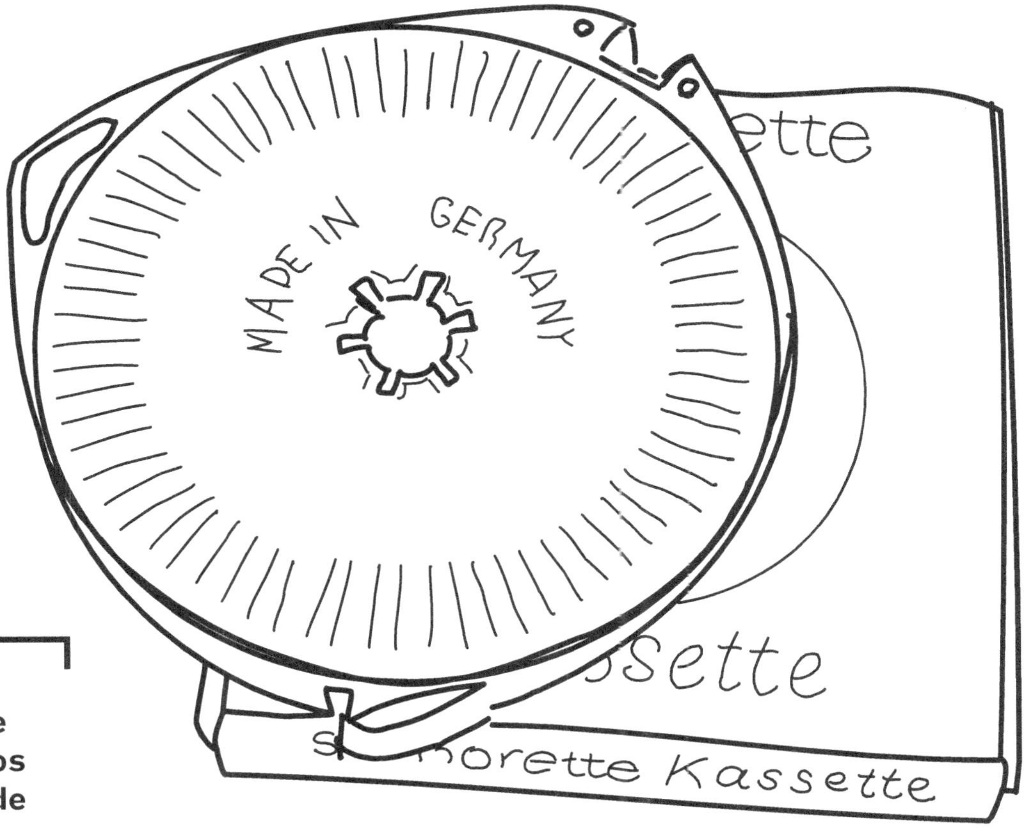

ssette
MADE IN GERMANY
ssette
Stenorette Kassette

Dato curioso
Los casetes se
mantenían unidos
por un anillo de
retención de goma
debajo de la
cubierta superior

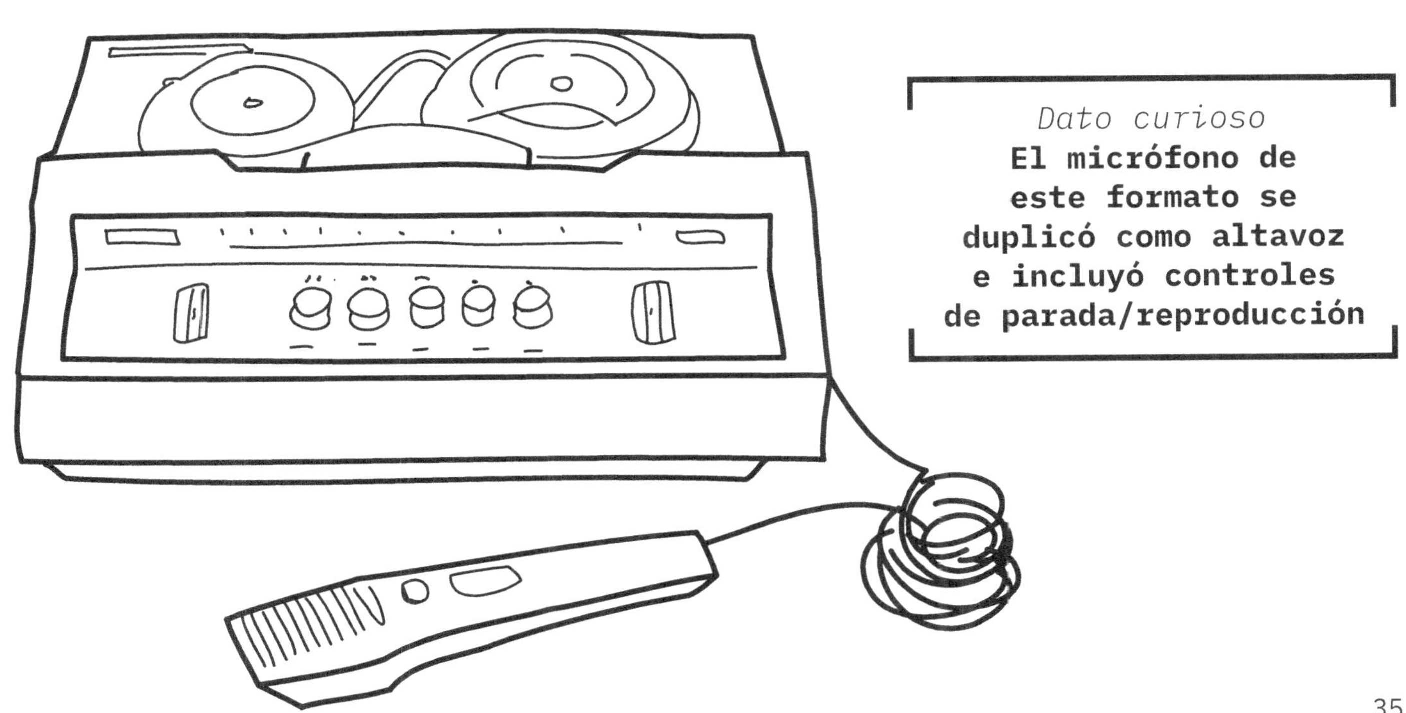

Dato curioso
El micrófono de
este formato se
duplicó como altavoz
e incluyó controles
de parada/reproducción

Cartucho de cinta de audio

Era
1958–1964

Desarrollado por
RCA

Tamaño
13,7 × 19,7 × 1,3 cm

Formato
analógico

También conocido como
Cartucho de cinta RCA,
cartucho de audio

Capacidad
30 minutos (de cada lado)

Dato curioso
Este formato fue diseñado para ser más conveniente que el carrete abierto, evitando la necesidad de enhebrar la cinta en una máquina

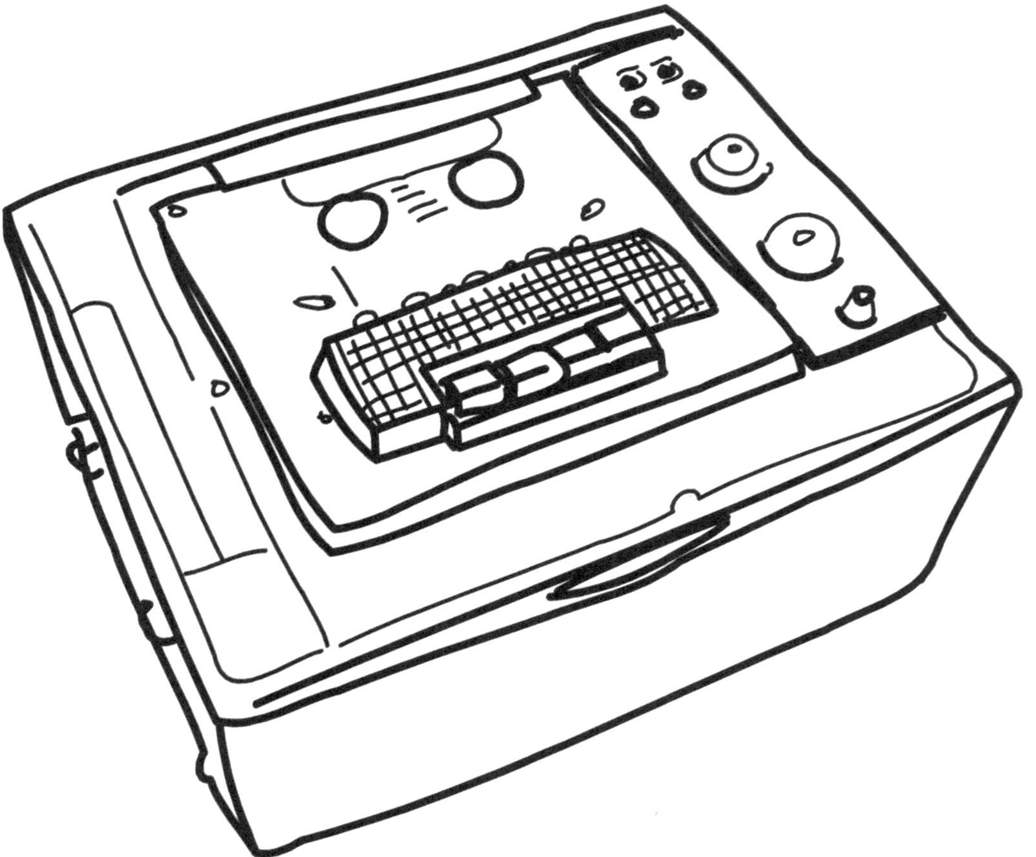

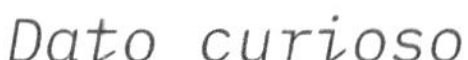

Este formato incluía un freno que impedía que los concentradores de cinta se movieran cuando el cartucho no estaba en un reproductor

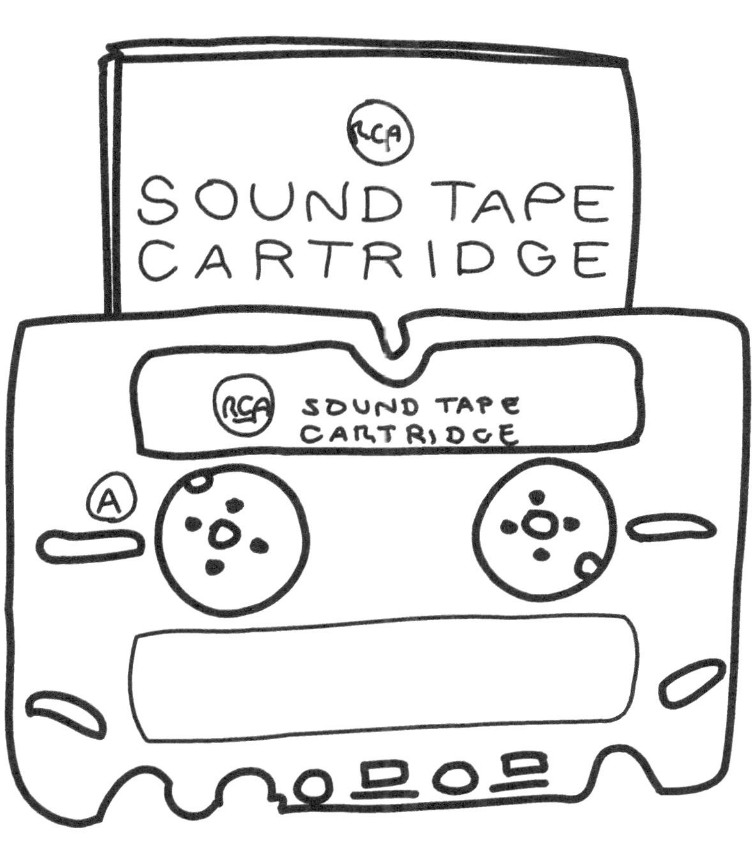

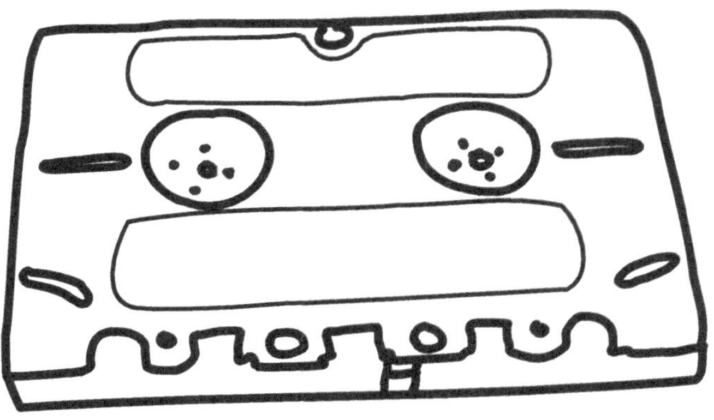

Este formato se introdujo en 1958, tras cuatro años de desarrollo

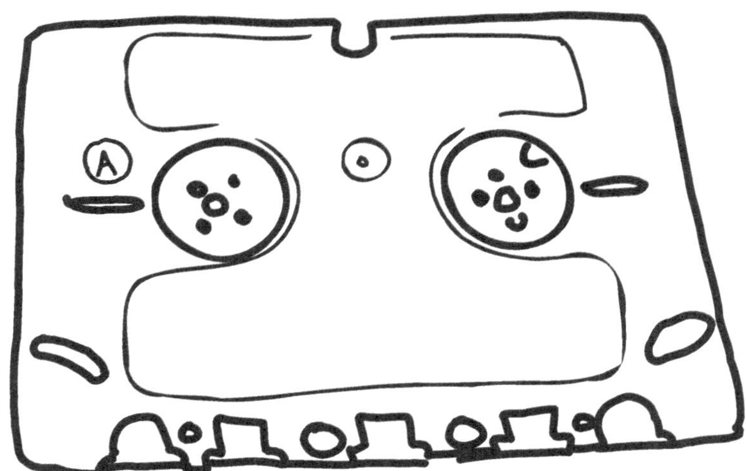

Cinta Minifón

Era
1959–1967

Tamaño
11 × 7,8 × 1,15 cm

Dato curioso
Al igual que su predecesor, el Minifon de alambre, este formato estaba destinado a la grabación encubierta

Capacidad
2 horas

También conocido como
Protona Minifon Attaché

Desarrollado por
Monske & Co GmbH

Formato
analógico

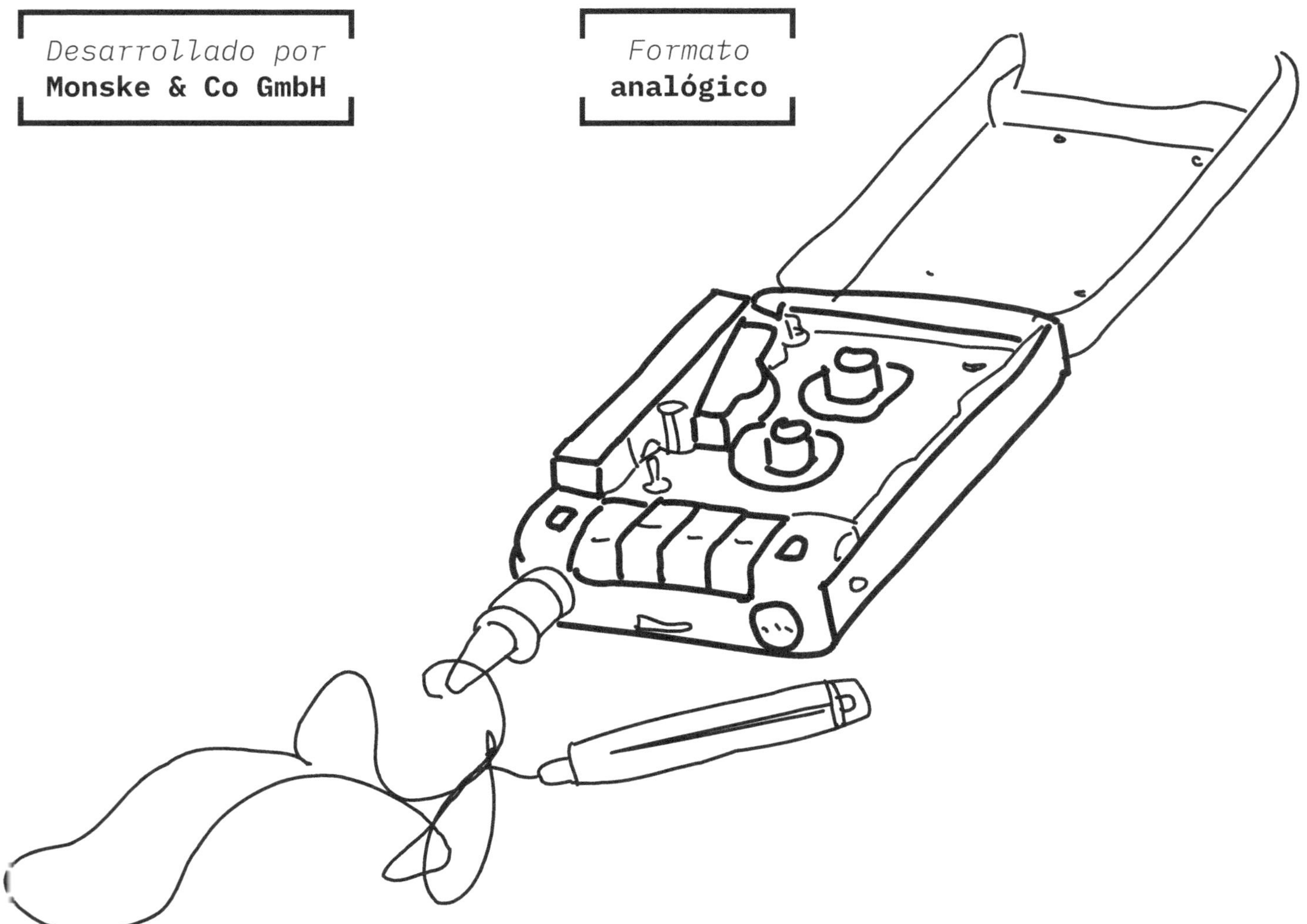

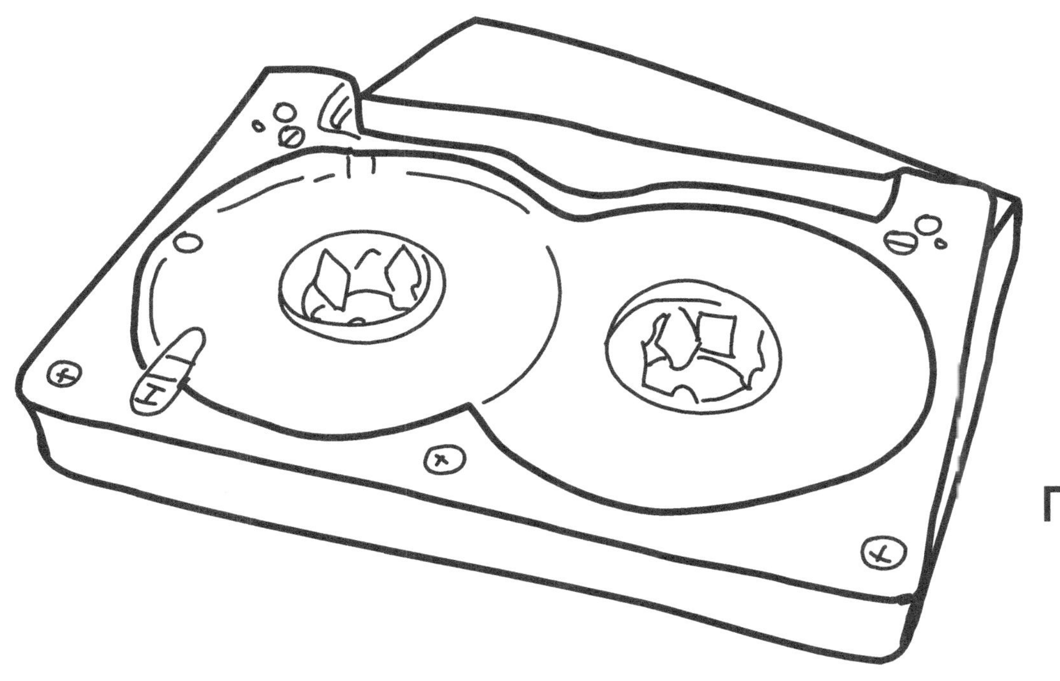

Dato curioso
Con la compra
de algunas
grabadoras se
incluía un
micrófono
con forma
de bolígrafo

Dato curioso
La cinta se
parecía mucho al
casete compacto,
pero tenía su
propio diseño único

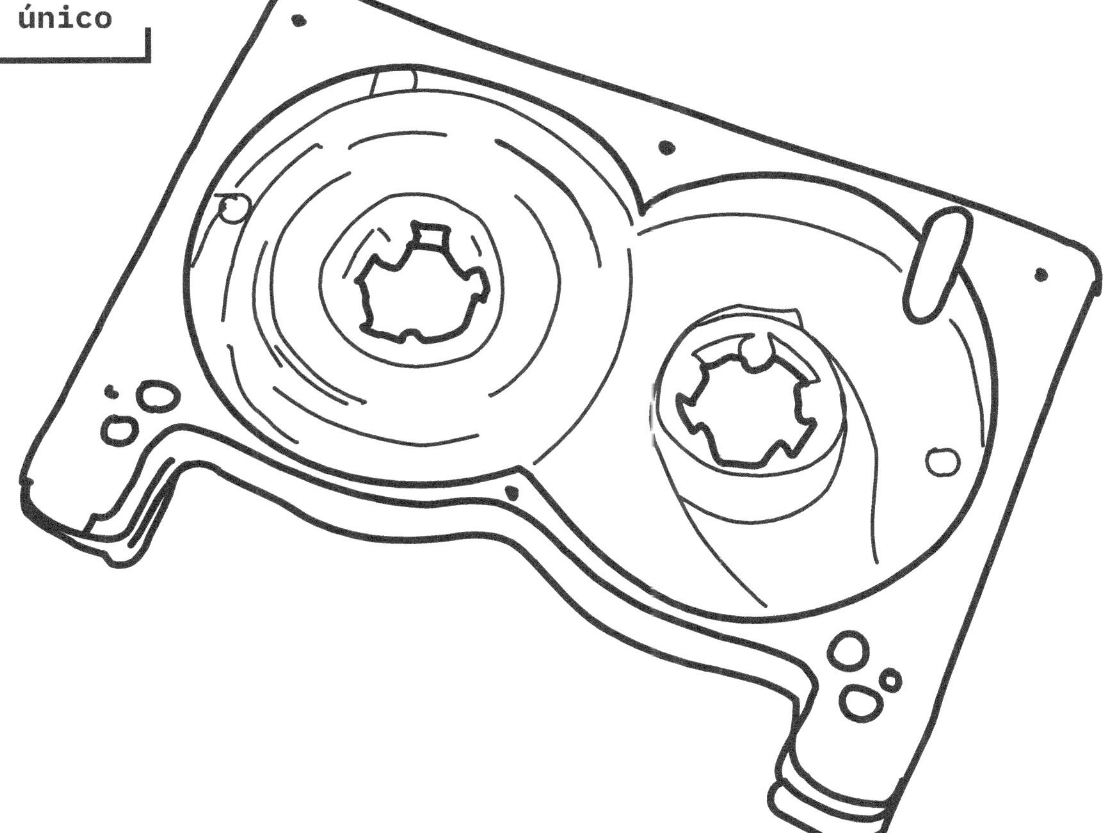

Stereo-Pak

También conocido como
Cartucho de 4 pistas

Era
1962–1970

Capacidad
45 minutos

Tamaño
13,3 × 10,2 × 2 cm

Desarrollado por
Earl 'Madman' Muntz

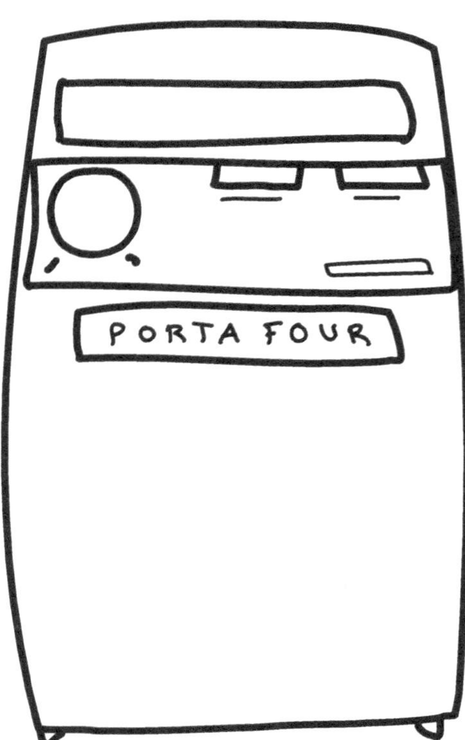

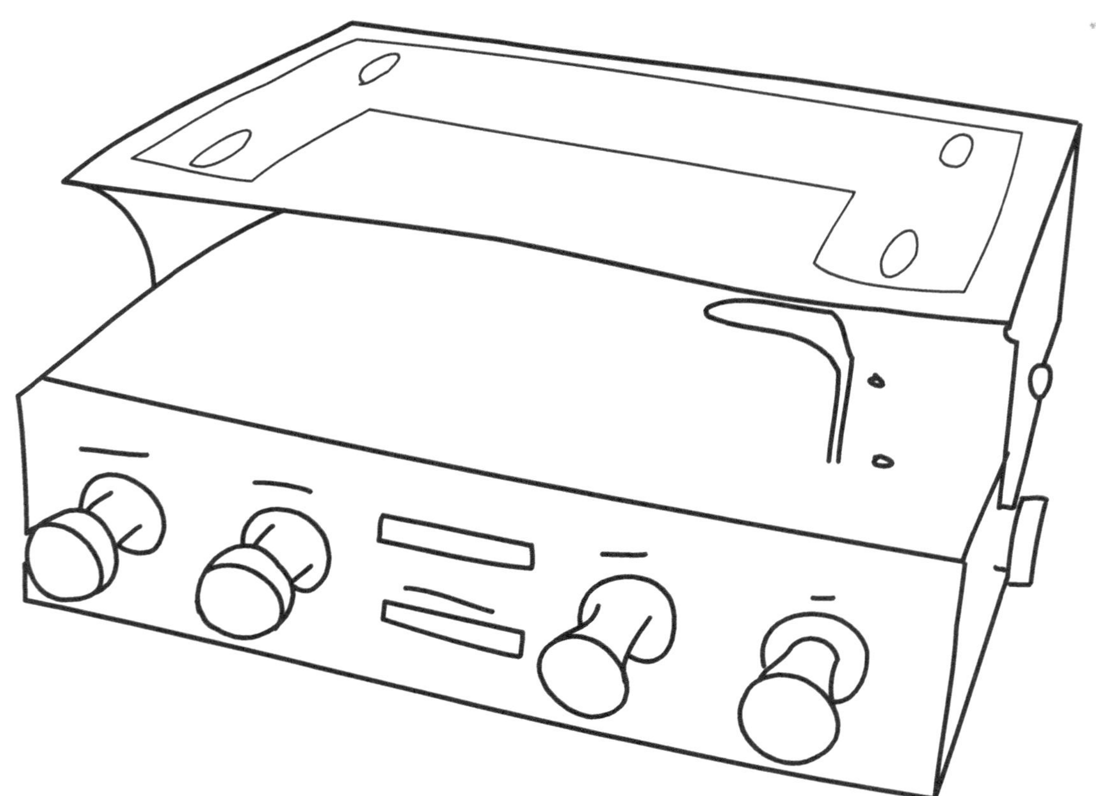

Dato curioso

Este formato fue un éxito de mercado durante varios años hasta que su sucesor, el cartucho de 8 pistas, se hizo más popular a pesar de ser de menor calidad

Dato curioso

A diferencia de su predecesor, el Fidelipac, este formato utilizaba un cabezal móvil para cambiar entre dos programas

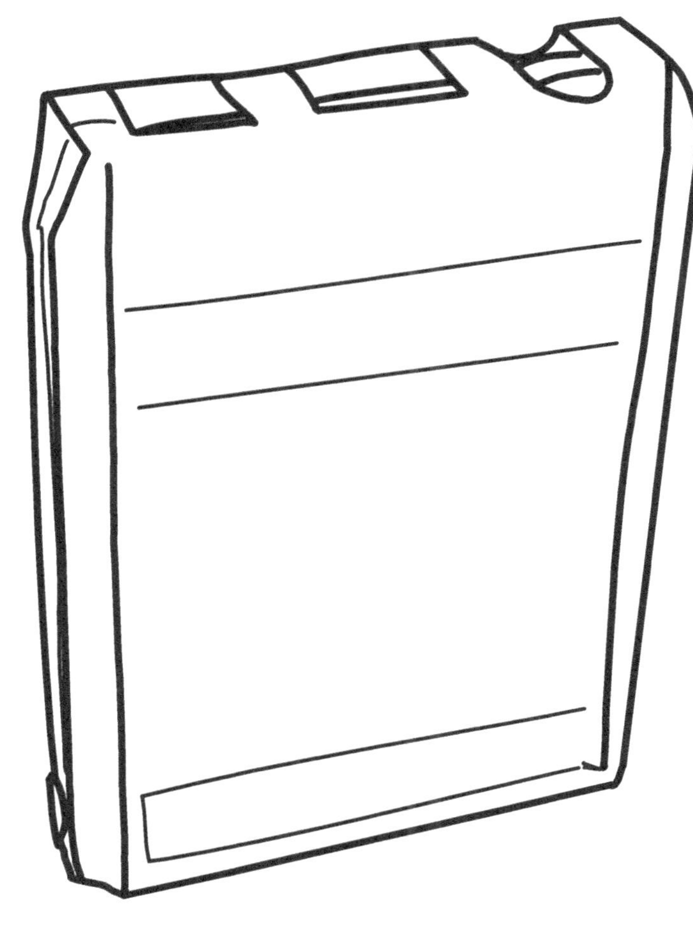

Dato curioso

Este formato se instaló en los automóviles, pero también estaba disponible como reproductores domésticos

Cartucho de 8 pistas

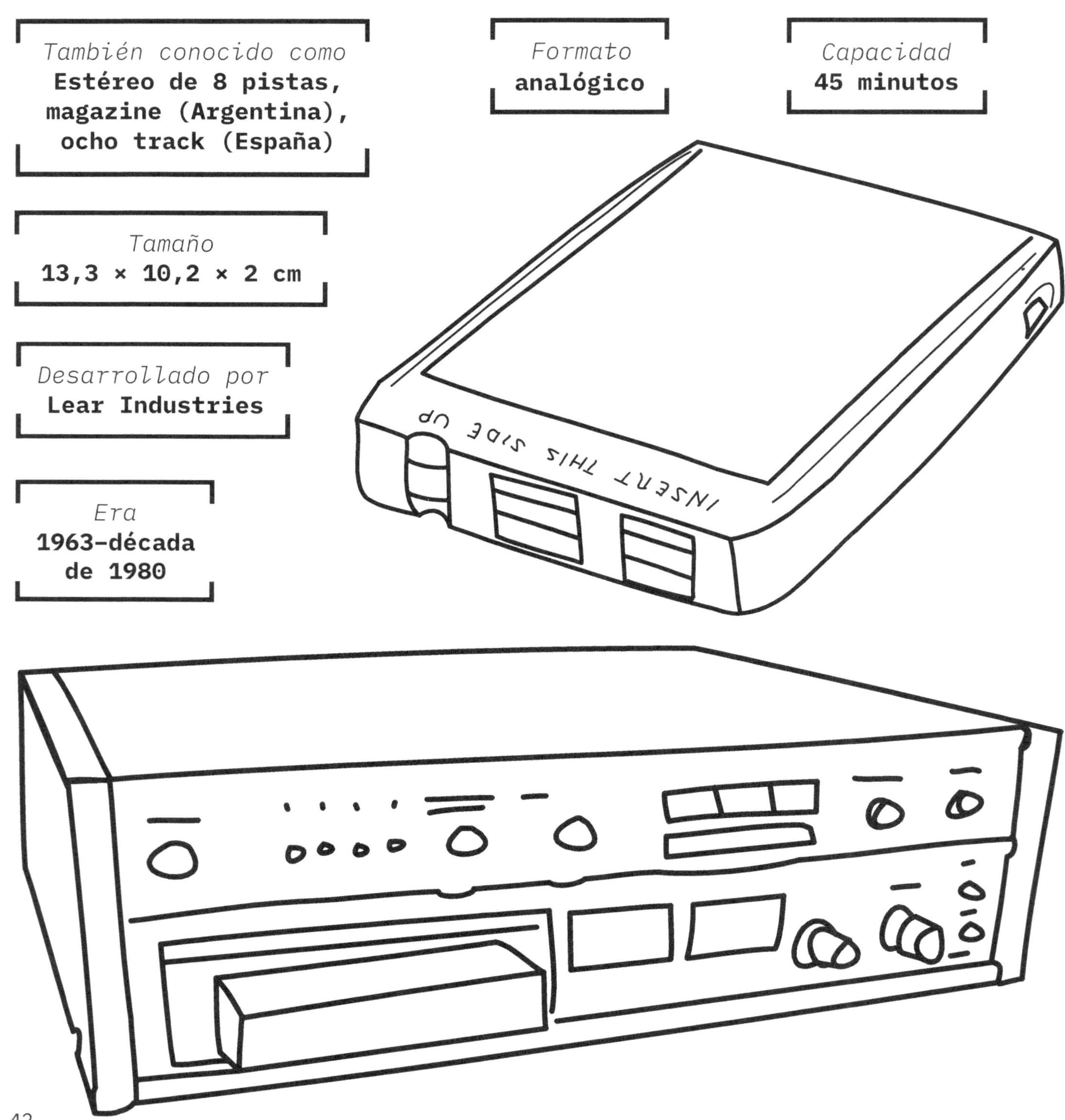

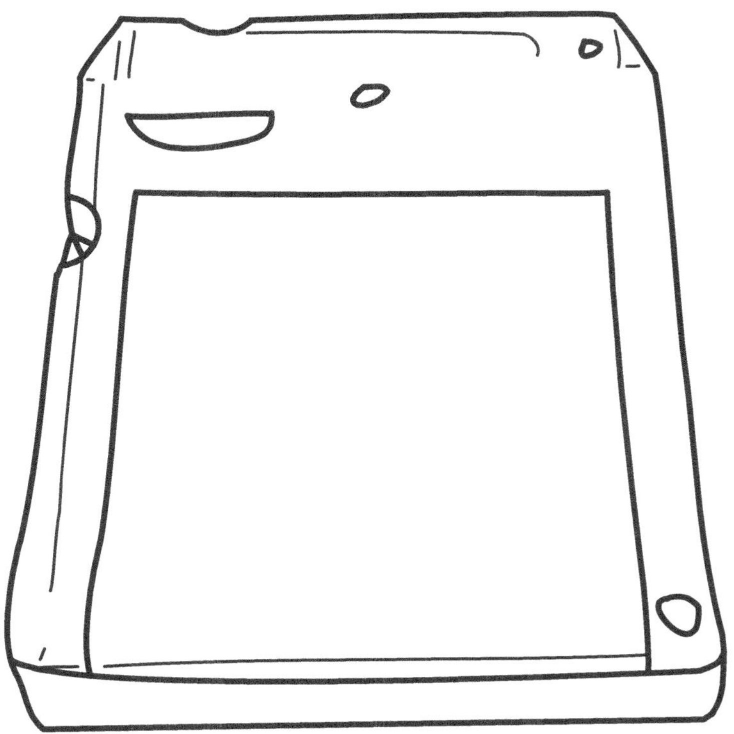

Dato curioso
Este formato tiene
8 pistas para 4
programas estéreo,
y el formato podía
cambiar entre las 4
opciones mediante
un dispositivo
que desplazaría
el cabezal de
la cinta

Dato curioso
Este formato
fue una
evolución
del formato
Stereo-Pak

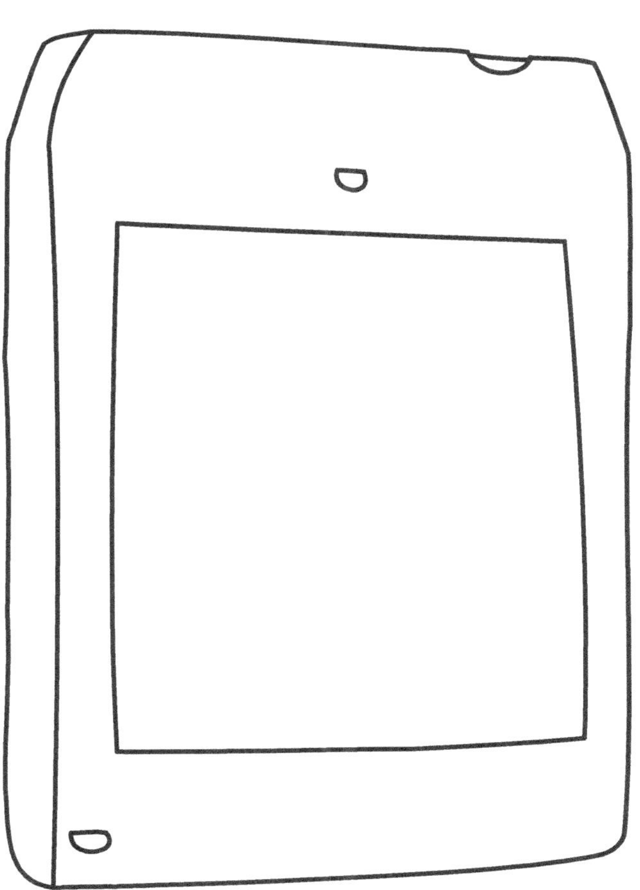

Dato curioso
Este formato
funcionaba
como un bucle
infinito y
no se podía
rebobinar

Casete compacto

Desarrollado por
Philips

Formato
analógico

Tamaño
10 cm × 6,3 cm × 1,3 cm

También conocido como
casete de audio,
casete de música,
cinta de casete

Era
1963–

Capacidad
C-60: 30 minutos (de cada lado)
C-90: 45 minutos (de cada lado)
C-120: 60 minutos (de cada lado)

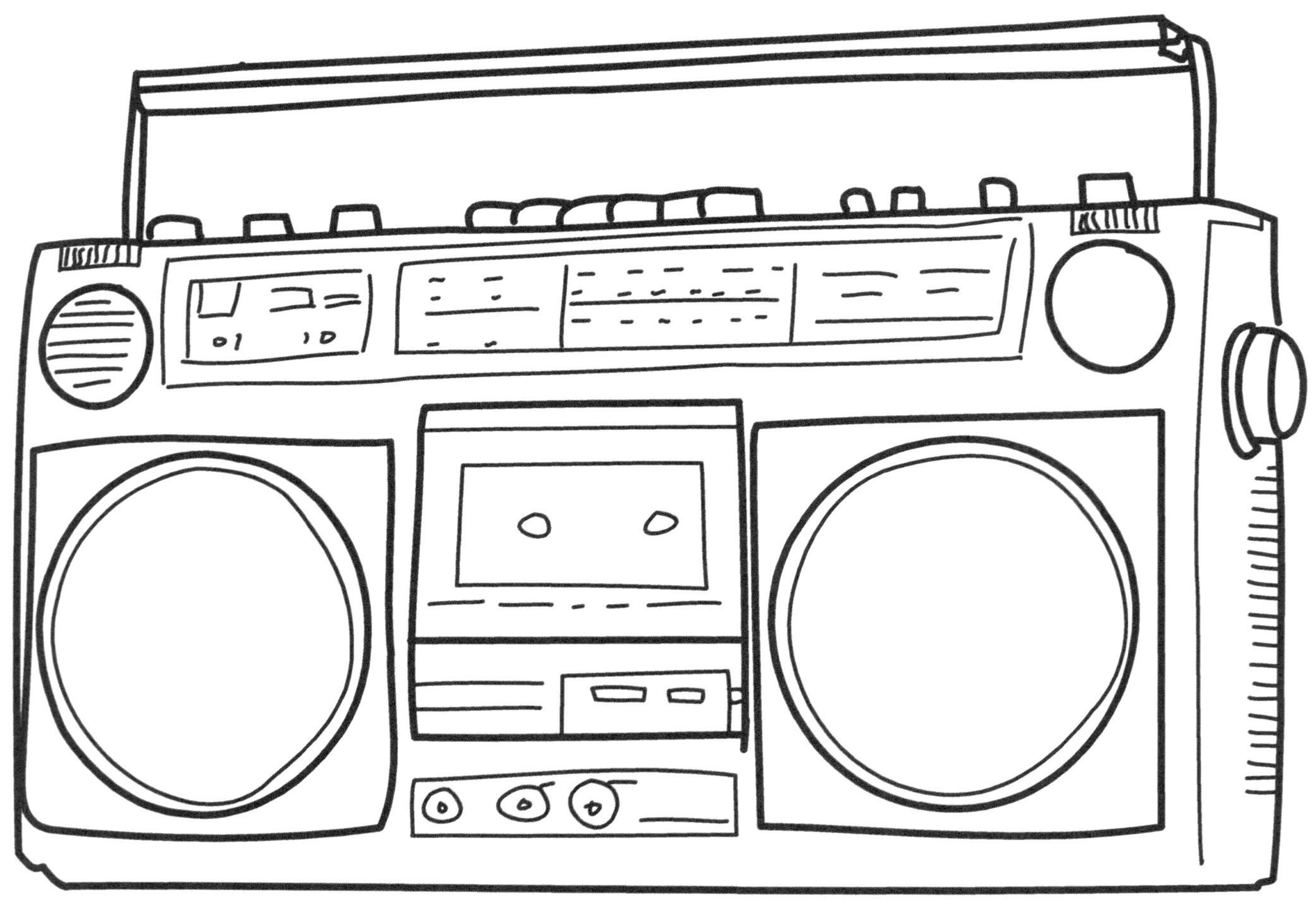

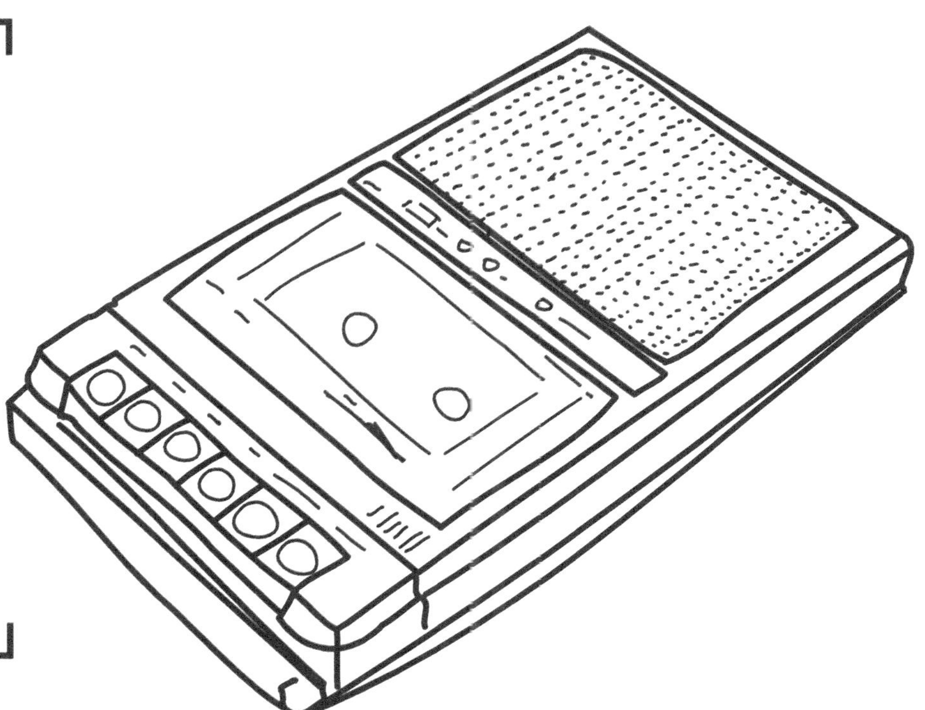

Dato curioso
El diseño de este formato ganó sobre otros diseños de casete de la competencia en parte por la decisión de licenciar libremente el diseño después de 1965 y la garantía de que otras compañías admitirían el formato

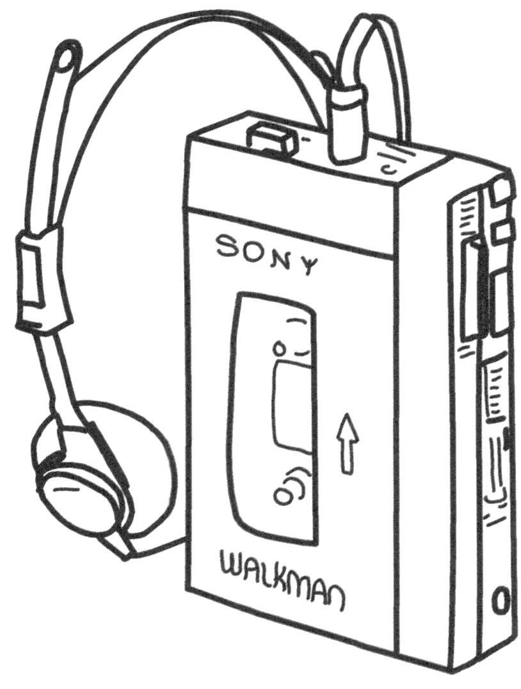

SONY
WALKMAN

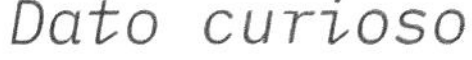

Dato curioso
Además del audio, este formato se usó como almacenamiento de datos para microcomputadoras a finales de los años 70 y 80

Dato curioso
Este formato inicialmente se llamó Pocket Recorder; el nombre Compact Cassette no se usó hasta alrededor de 1966

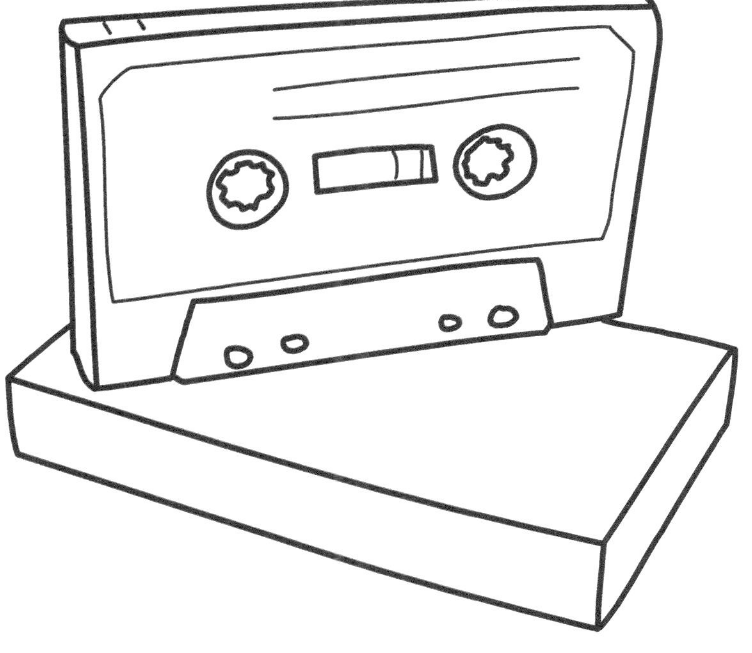

Micro Pack 35

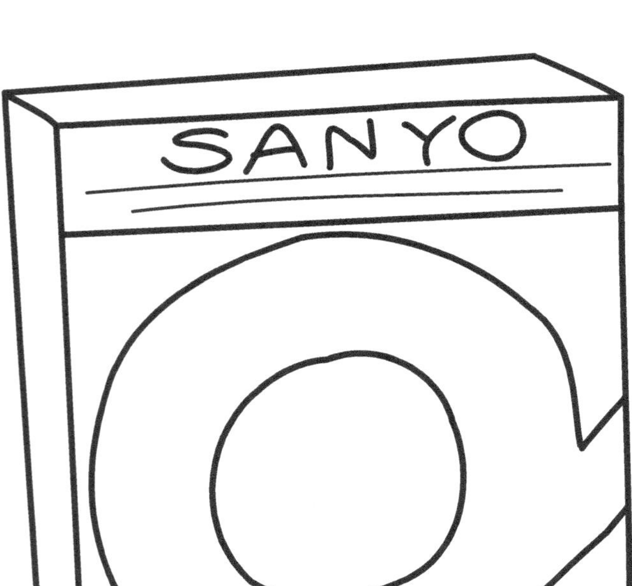

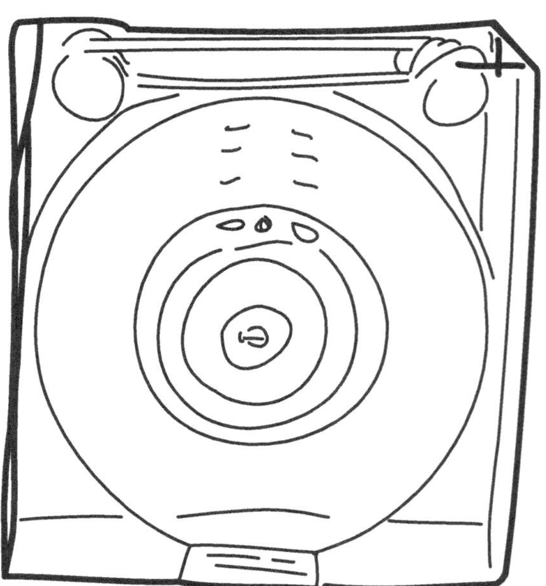

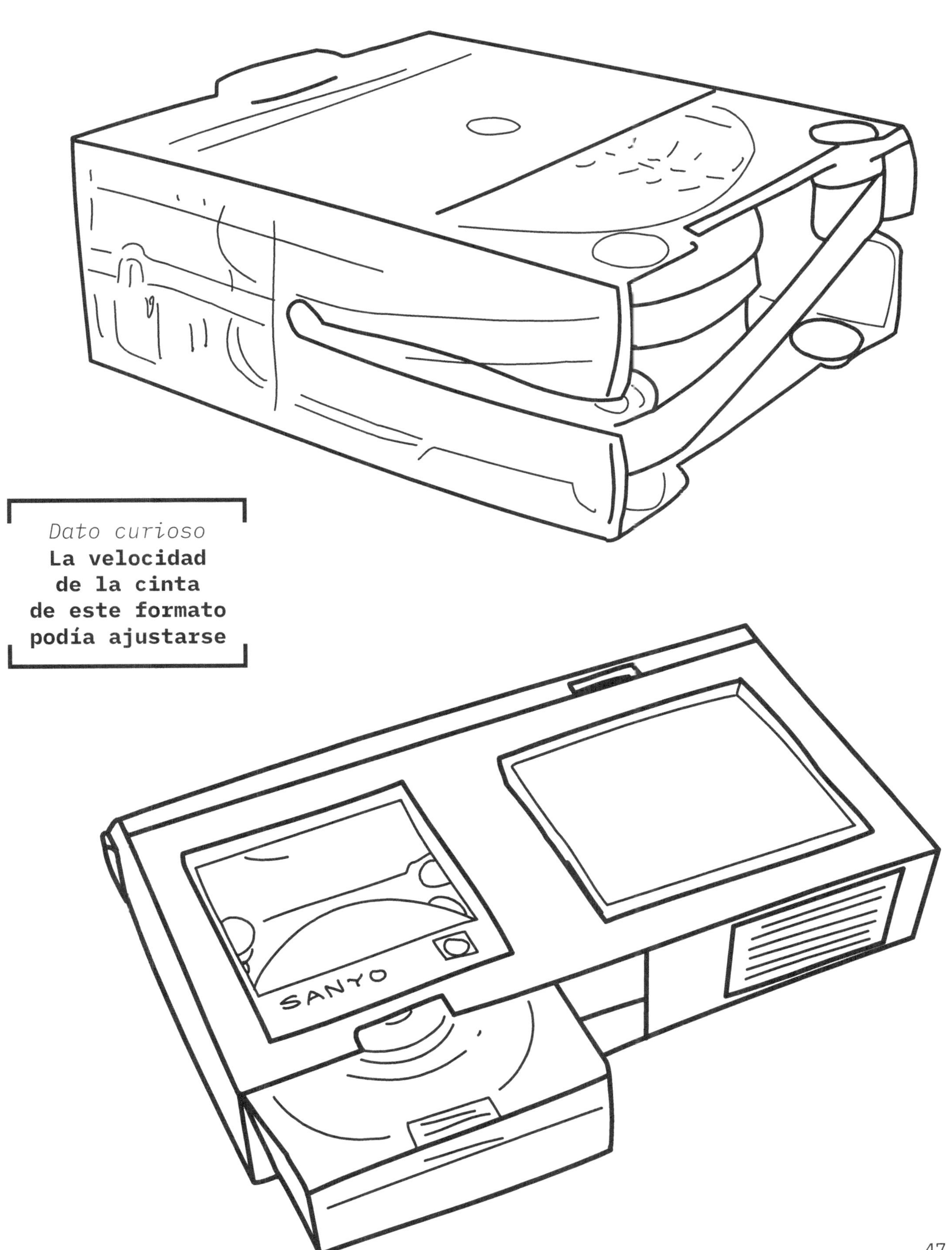

SANYO

Dato curioso
La velocidad
de la cinta
de este formato
podía ajustarse

Sabamobil

Tamaño
6,6 cm × 7,4 cm × 4,8 cm

Capacidad
20 minutos (de cada lado)

Desarrollado por
Sanyo

Dato curioso
Este formato se introdujo un año después del Compact Cassette y del 8 pistas, y no logró competir en el mercado

Era
1964–1970

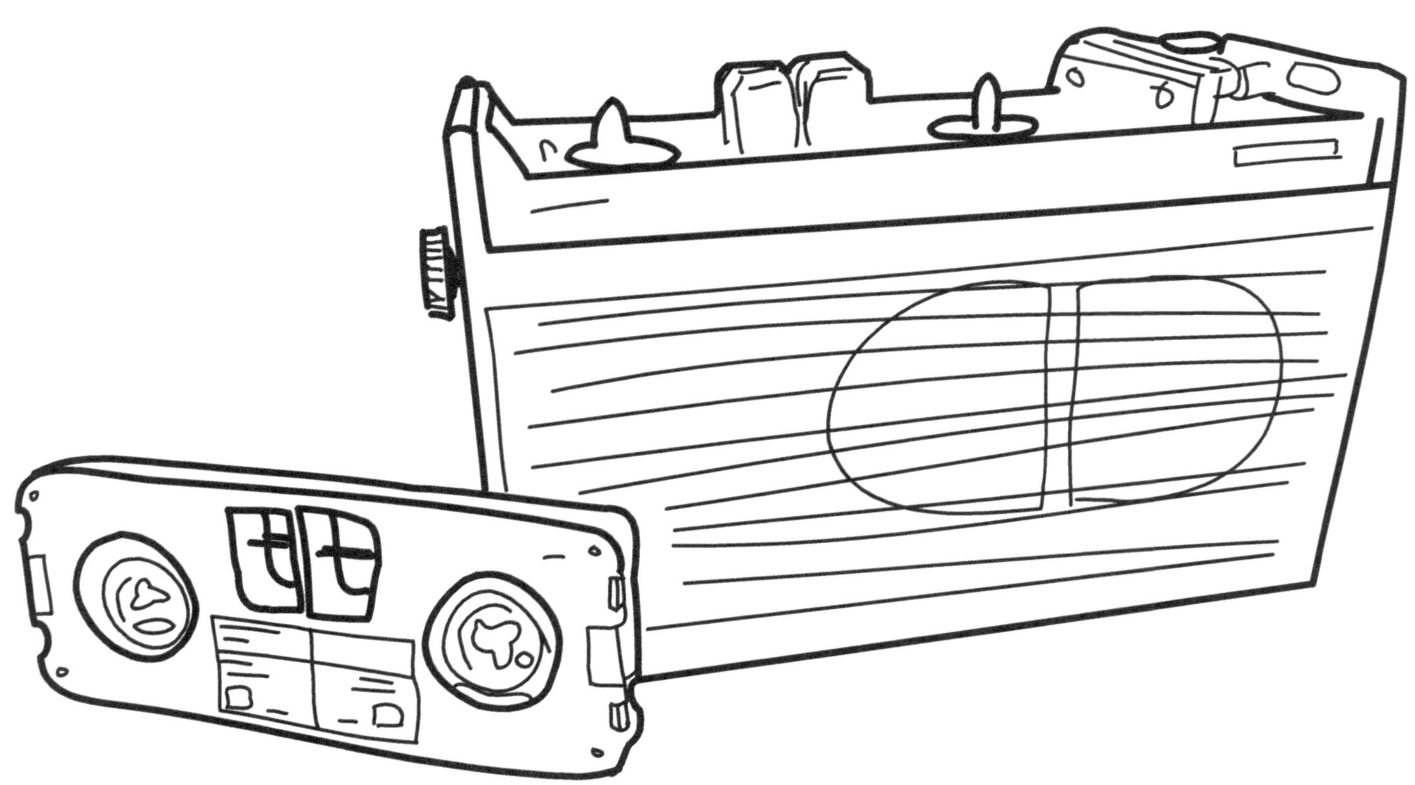

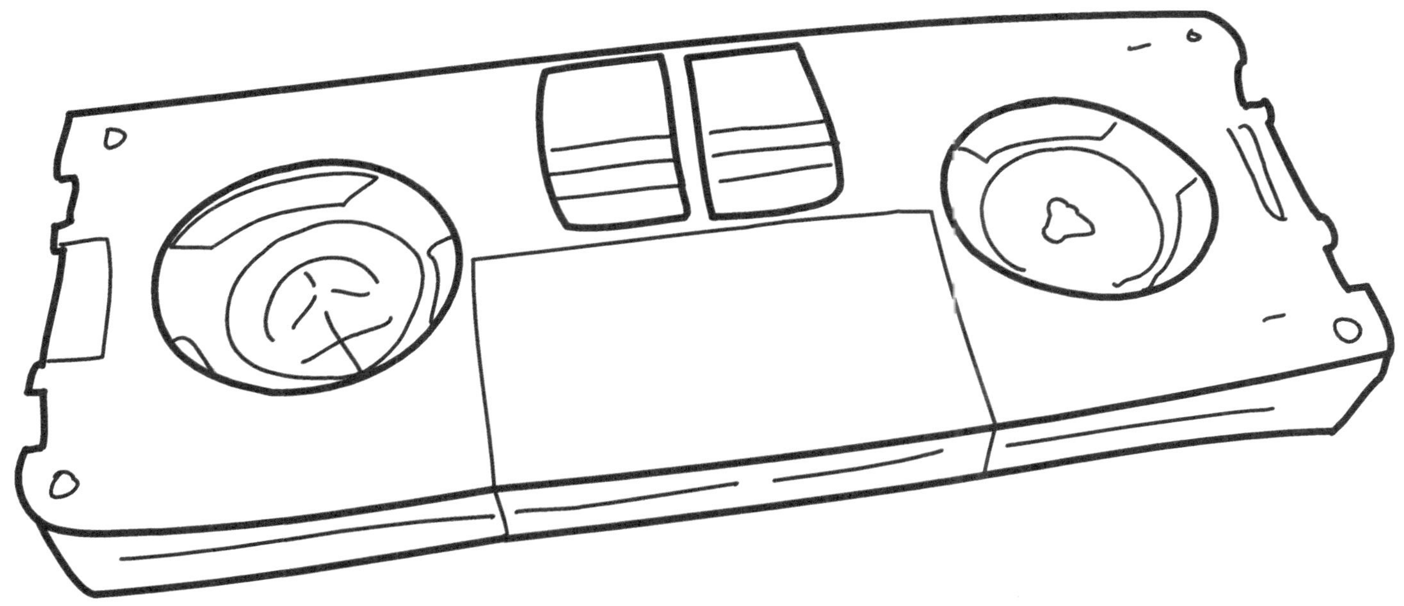

Dato curioso
El cartucho
podía abrirse
quitando las
dos abrazaderas
de sujeción

Dato curioso
Un modelo, el TK-R12,
tenía una radio
incorporada y
podía ser portátil,
usando 5 baterías
de tamaño D

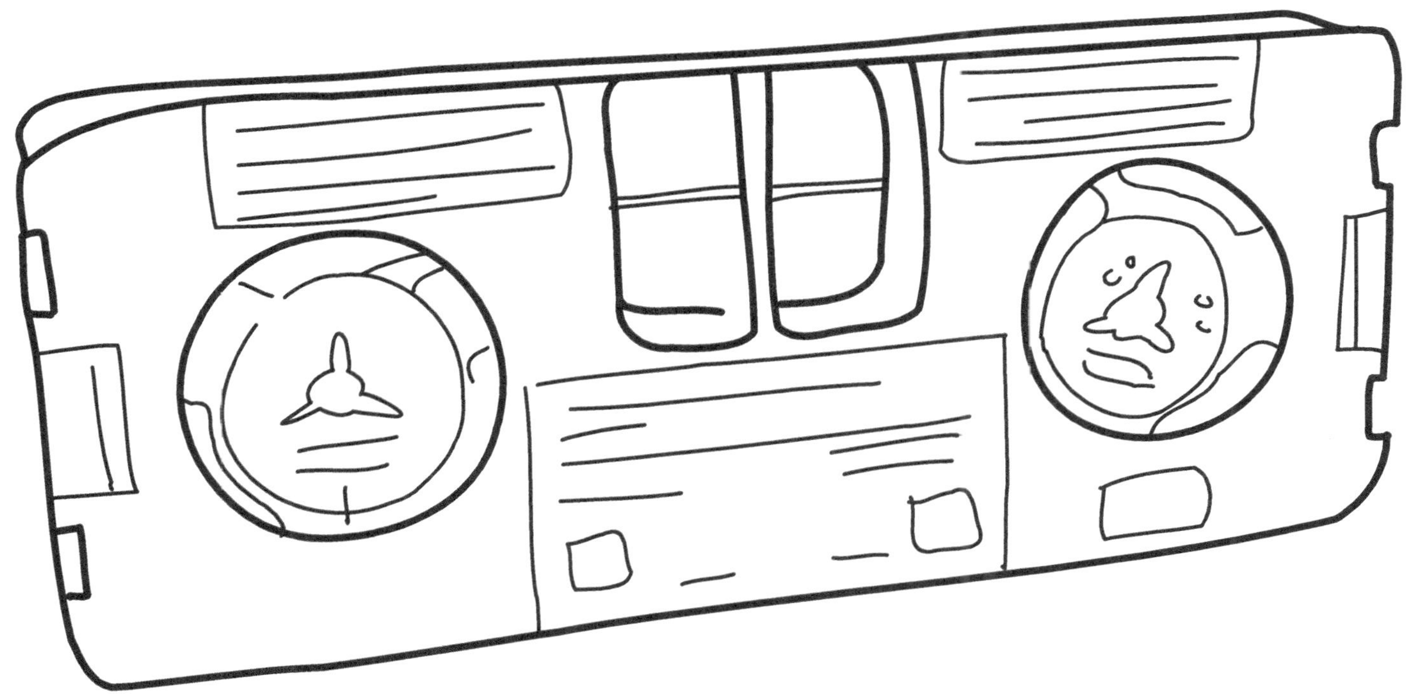

DC-International

Formato
analógico

Tamaño
12 × 7,7 × 1,2 cm

Desarrollado por
Grundig

Era
1965–1967

Capacidad
DC-60: 30 minutos (de cada lado)
DC-90: 45 minutos (de cada lado)
DC-120: 60 minutos (de cada lado)

Dato curioso
Después de solo dos años, este formato fue descontinuado a favor del Cassette Compacto

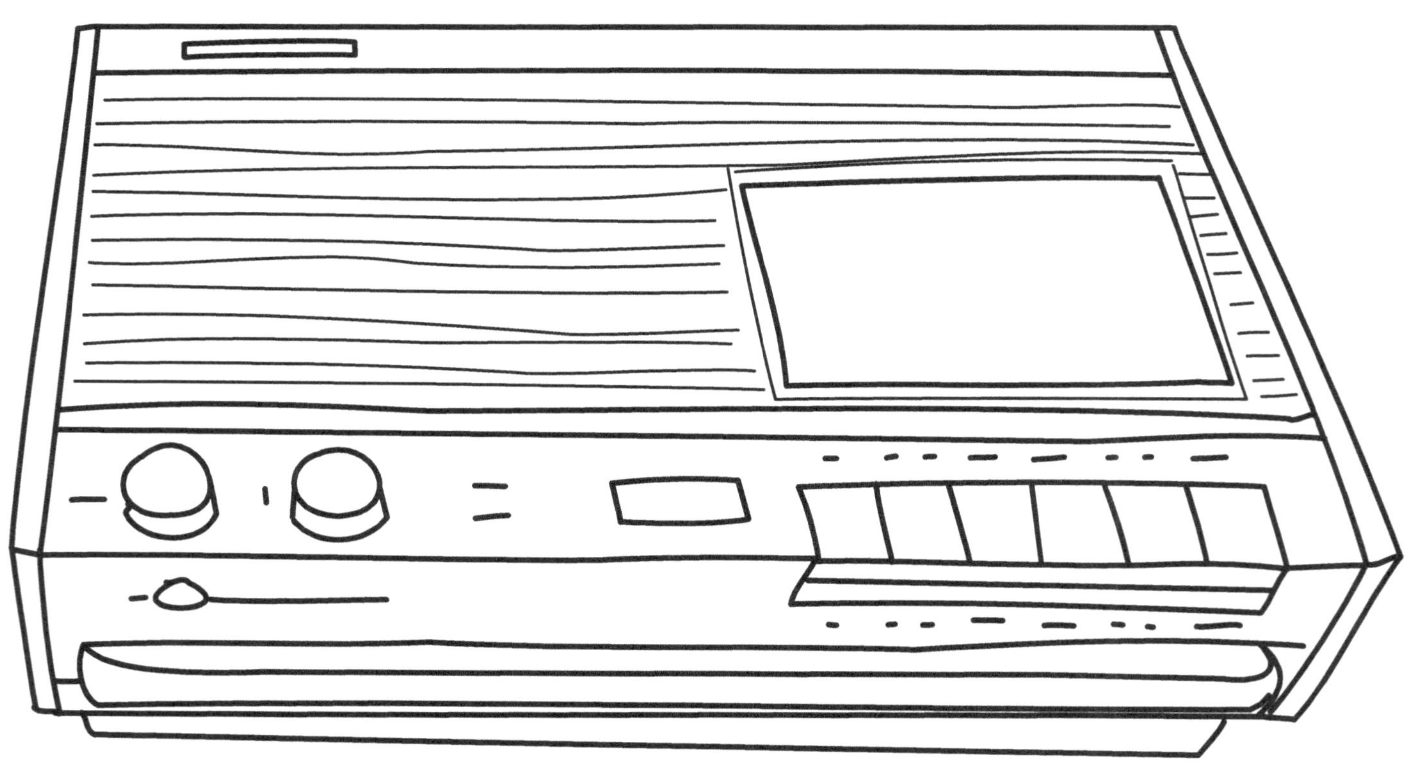

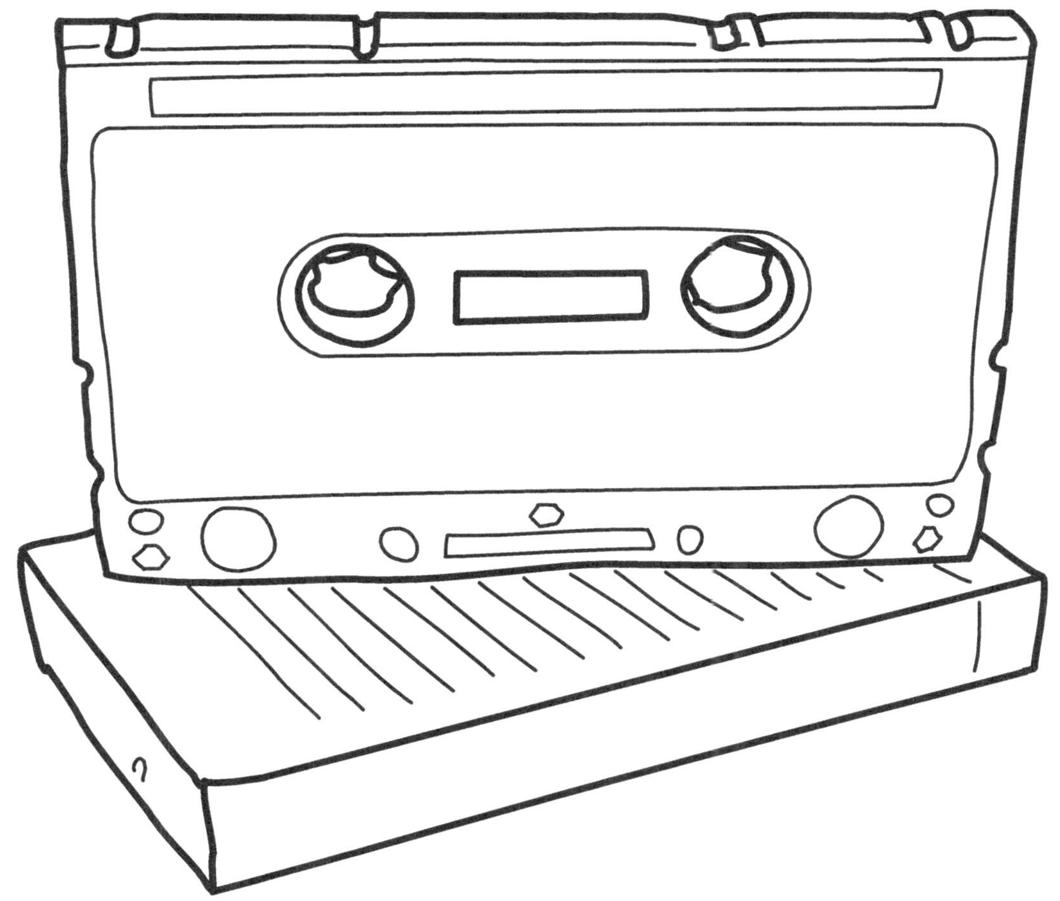

Dato curioso
DC es la abreviatura de "casete doble"
porque era un casete de dos carretes

Dato curioso
Este formato
podía habilitar
la protección
contra escritura
colocando un
inserto en un
hueco en la
base del casete

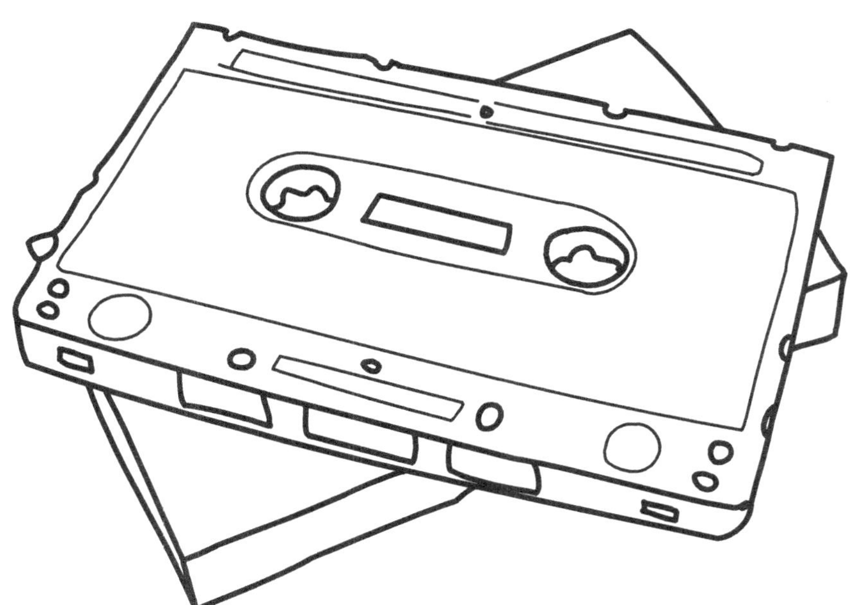

PlayTape

Desarrollado por
Frank Stanton

Era
1966–1970

Capacidad
24 minutos

Tamaño
7 × 8,5 × 1,2 cm

Dato curioso
**Los PlayTape se emitieron
en diferentes colores
según el contenido:
Cartucho rojo (dos canciones)
Cartucho negro (cuatro canciones)
Cartucho blanco (ocho canciones)
Cartucho azul (niños)
Cartucho gris (educativo)**

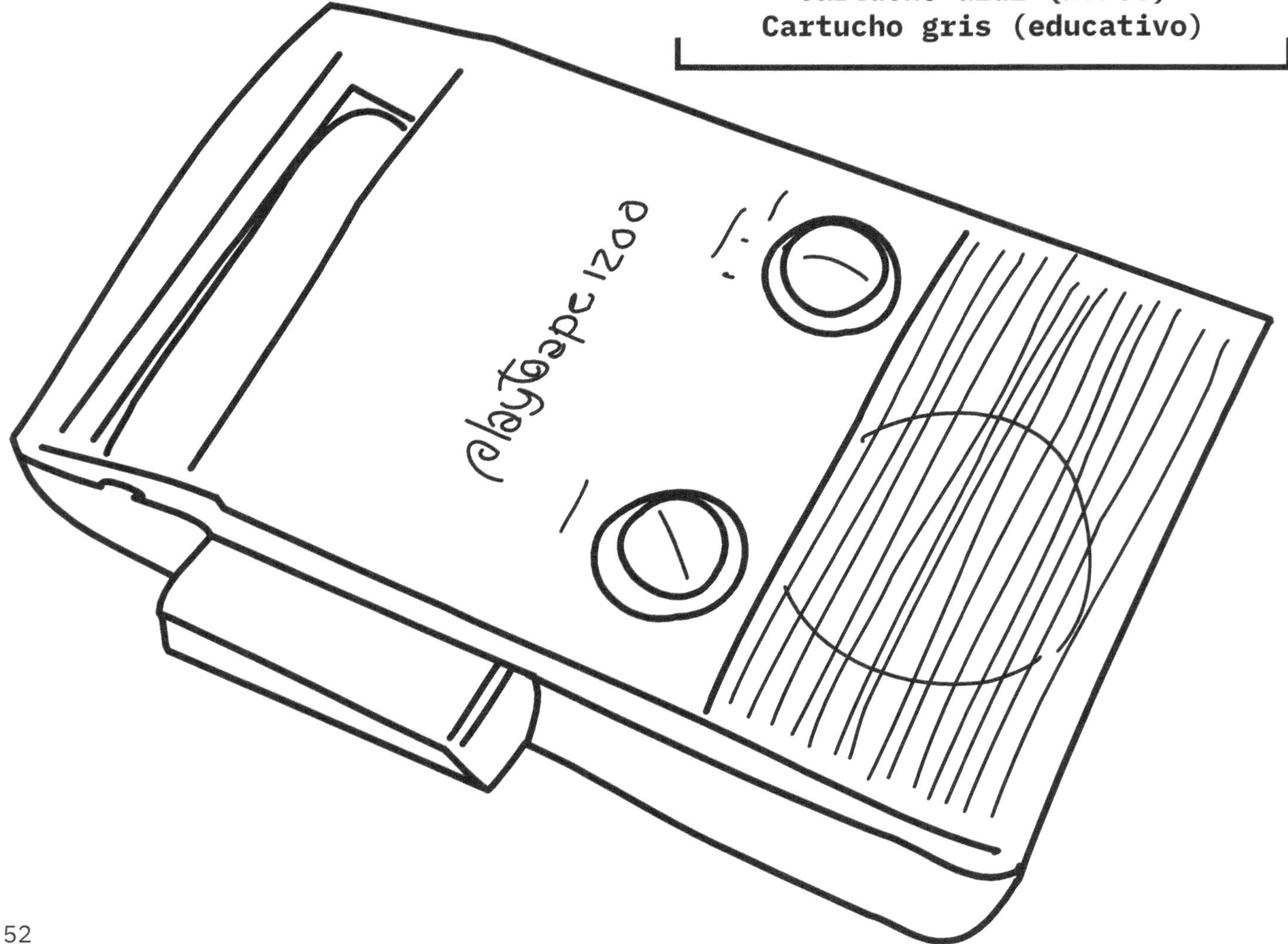

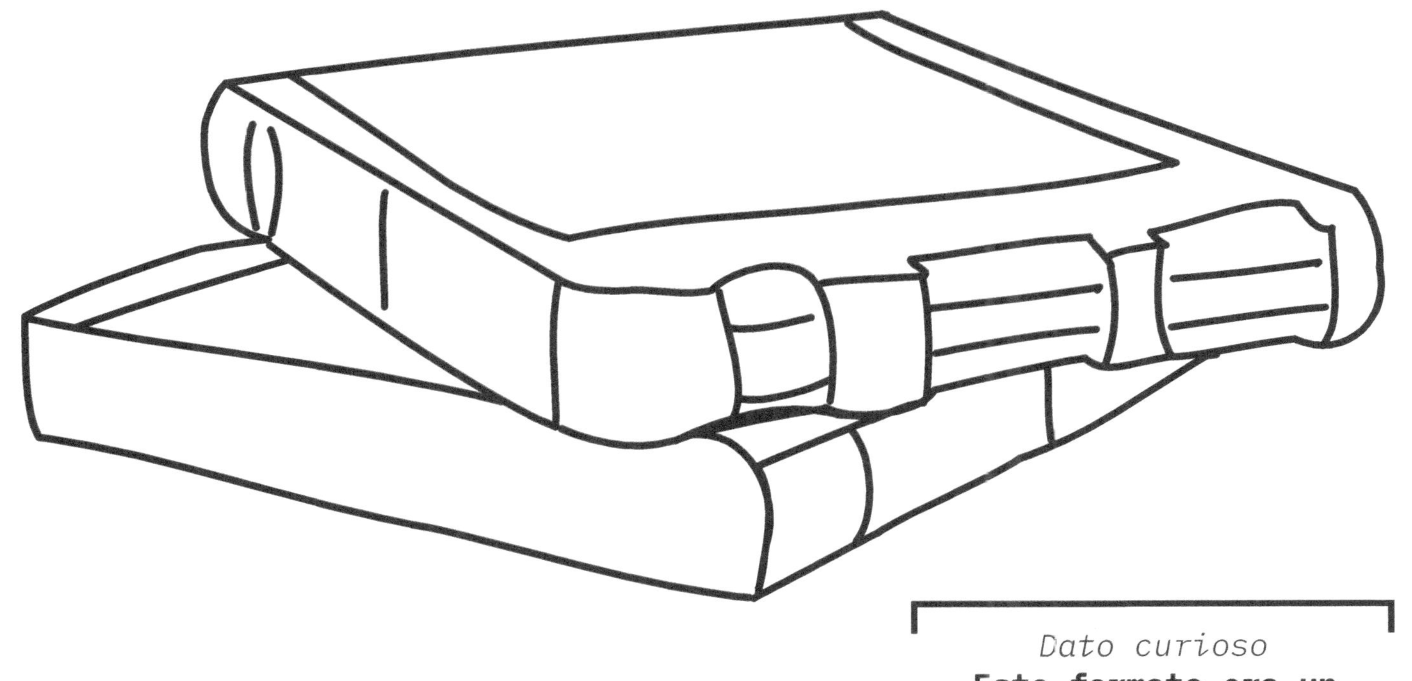

Dato curioso
Este formato era un
sistema de dos pistas,
destinado a competir
con los cartuchos
de 4 y 8 pistas

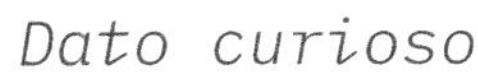

Dato curioso
Este formato
estaba pensado
para ser portátil
y para ser
instalado
en coches

Minicasete

Desarrollado por
Philips

Capacidad
30 minutos (de cada lado)

Era
1967–

Tamaño
5,5 × 3,5 × 5 cm

Dato curioso
A diferencia del Compact Cassette o Microcassette, este formato no utiliza un sistema de accionamiento de cabrestante; en cambio, la cinta es impulsada más allá del cabezal de la cinta por los carretes

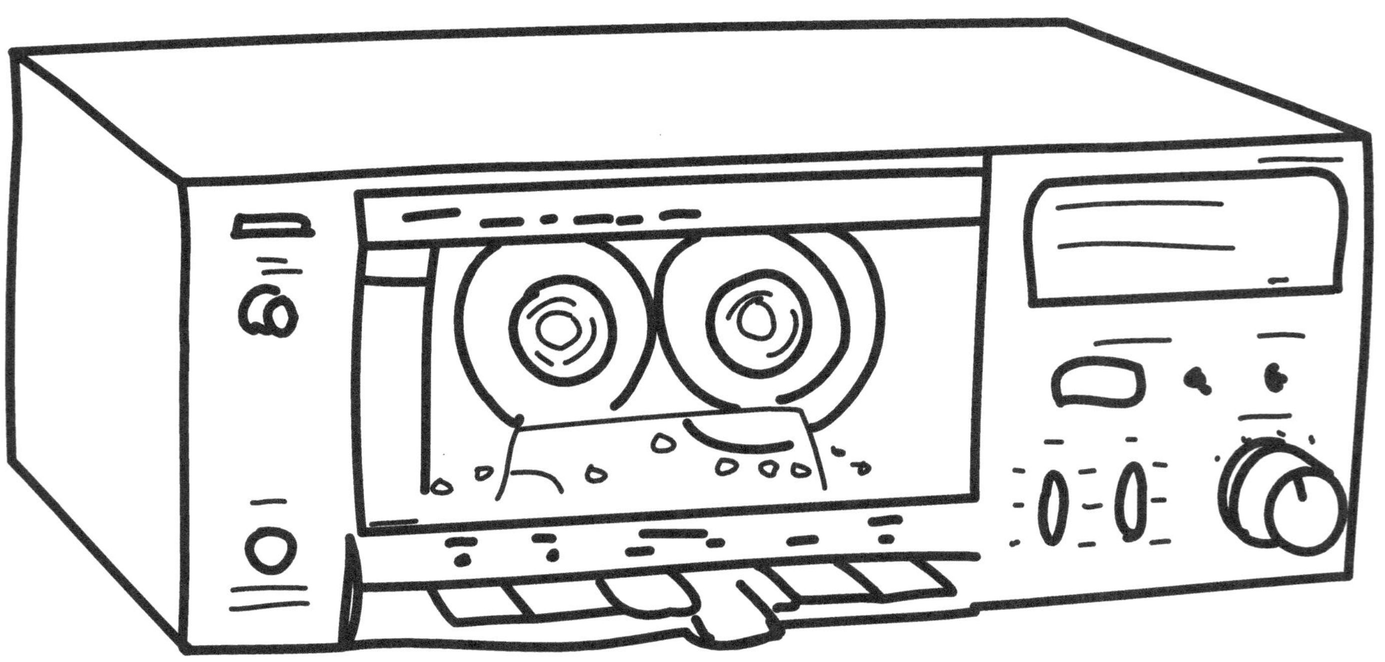

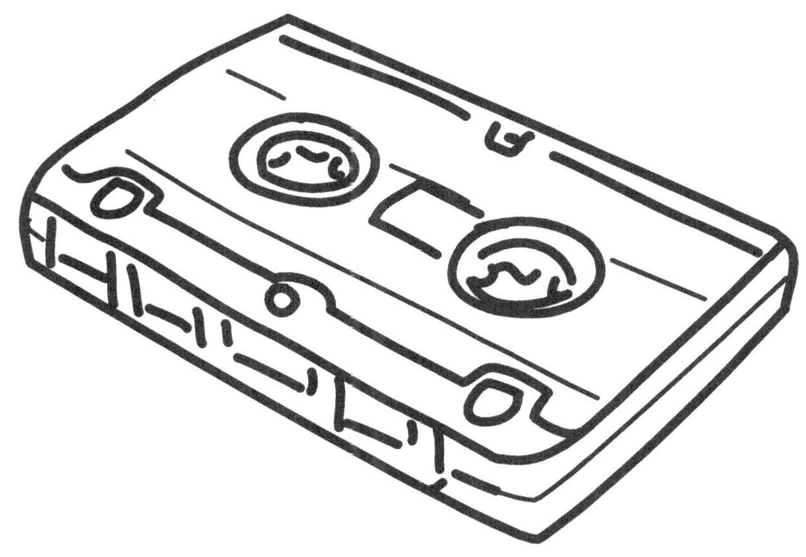

Dato curioso
Había una versión
más pequeña de
este formato
llamada Ultra
Mini-Cassette
que podía
grabar hasta
10 minutos
en cada lado

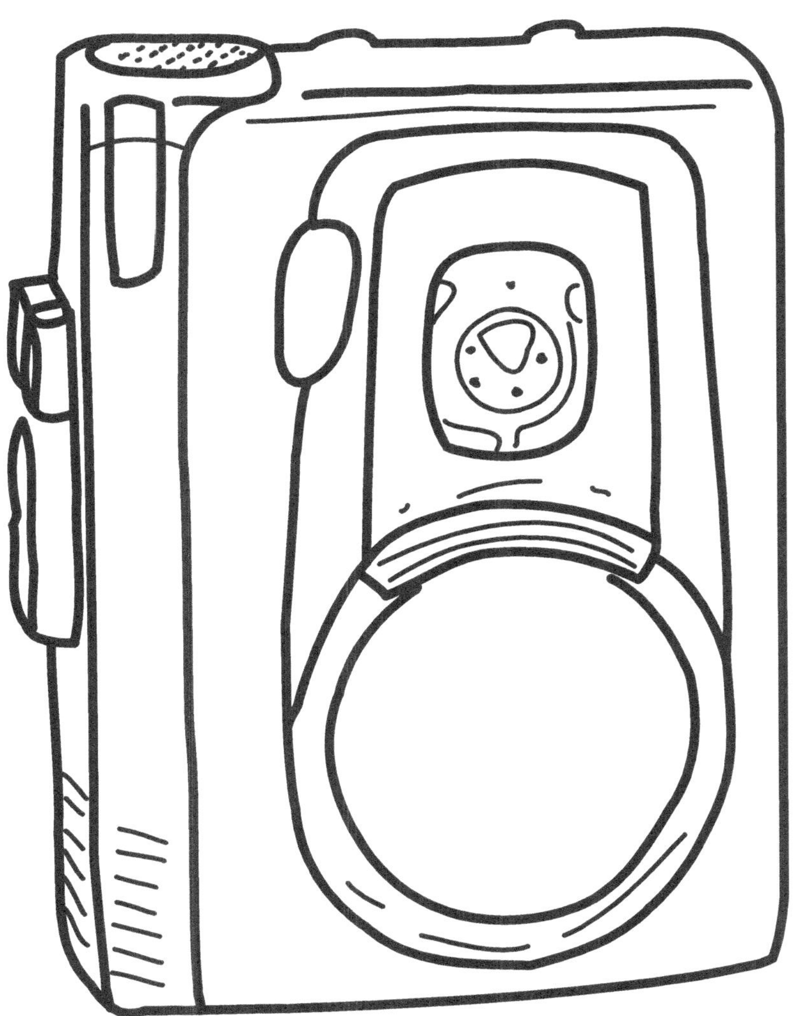

Dato curioso
Este formato
se usó
principalmente
en máquinas de
dictado, pero
también podía
usarse para
almacenamiento
de datos

Microcasete

Era
1969–2000s

Desarrollado por
Olympus

Tamaño
5 × 3,5 × 5 cm

Capacidad
30 minutos (de cada lado)

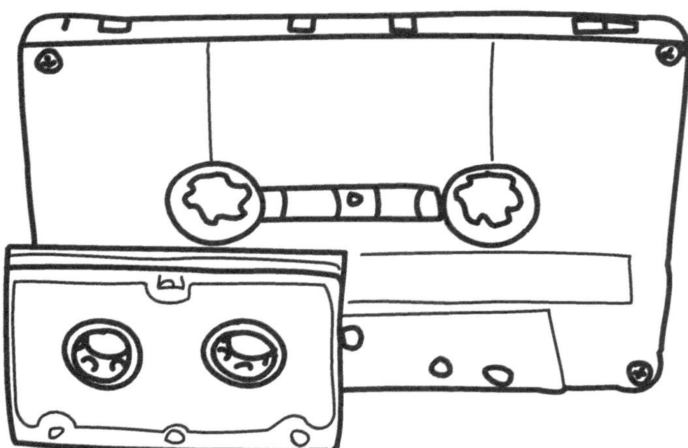

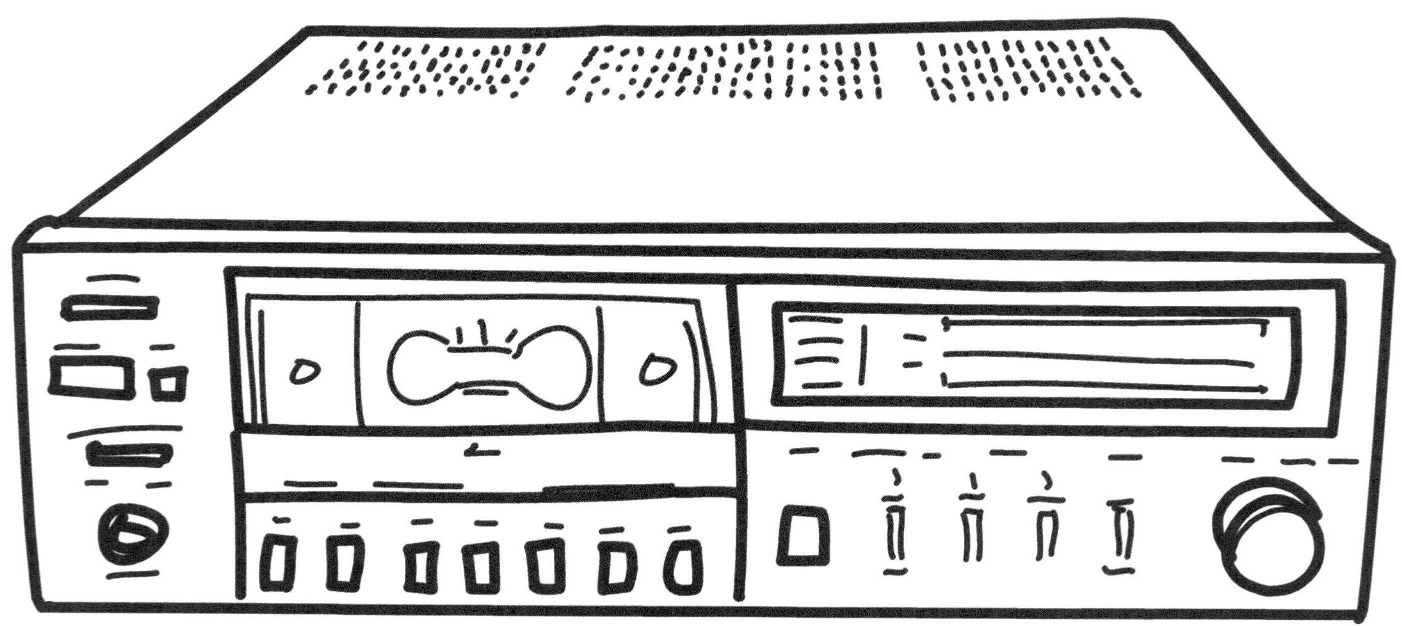

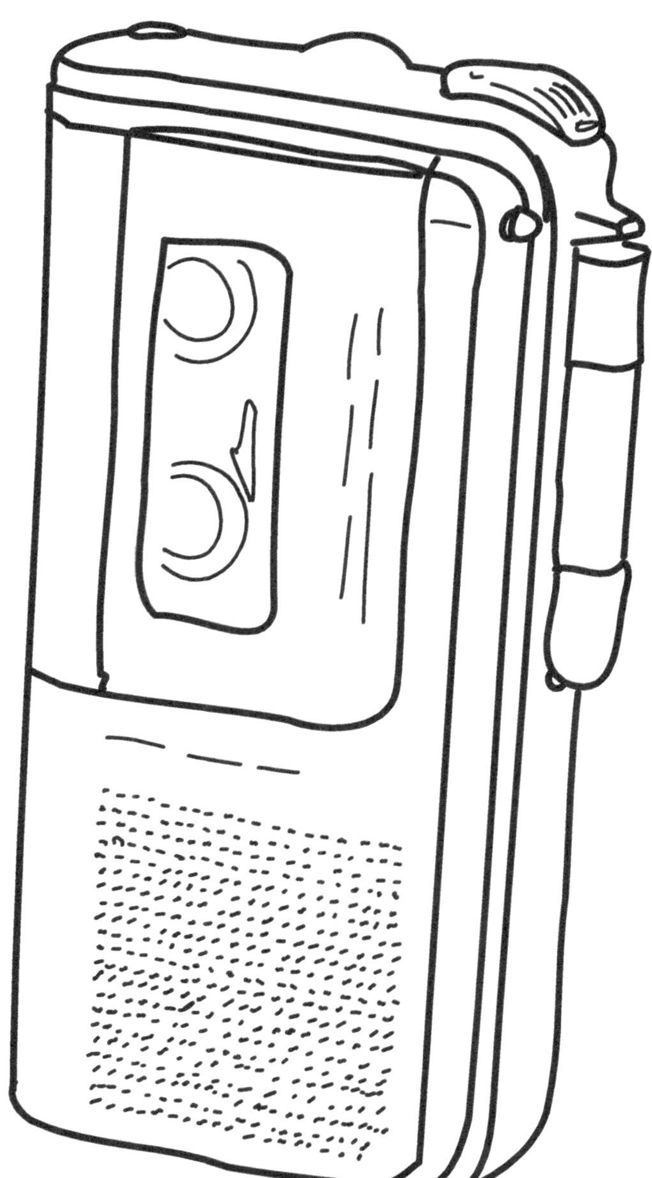

Dato curioso
Este formato era
5mm más estrecho
que el Mini-cassette

Dato curioso
Este formato
se usaba
comúnmente
en máquinas
de dictado o
contestadores
telefónicos,
pero también
en el
almacenamiento
de datos
informáticos

Dato curioso
Este formato tiene
el mismo ancho
de cinta magnética
que el casete
compacto pero en
un contenedor de
aproximadamente
una cuarta parte
del tamaño

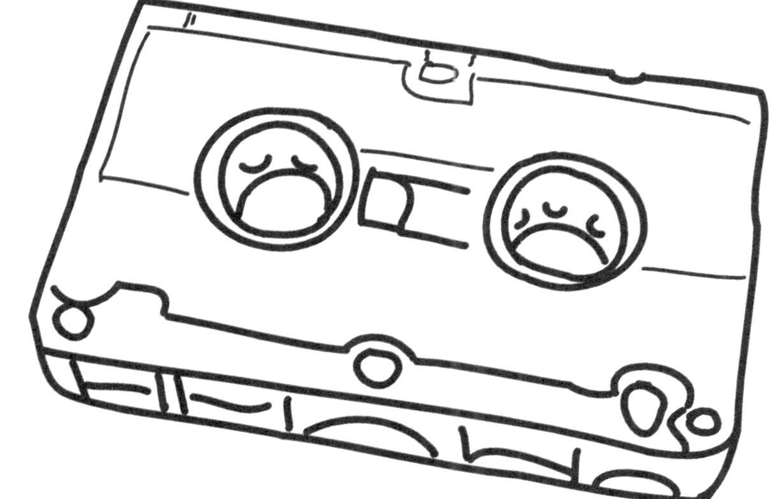

HIPAC

Formato
analógico

Tamaño
7 × 8,5 × 1,2 cm

Era
1971–1973

También conocido como
HiPac

Desarrollado por
Pioneer

Capacidad
60 minutos

Dato curioso
HiPac es un sucesor del cartucho PlayTape, con licencia de Toshiba

Dato curioso
Este formato estaba diseñado para su uso en vehículos, pero la adopción no tuvo éxito

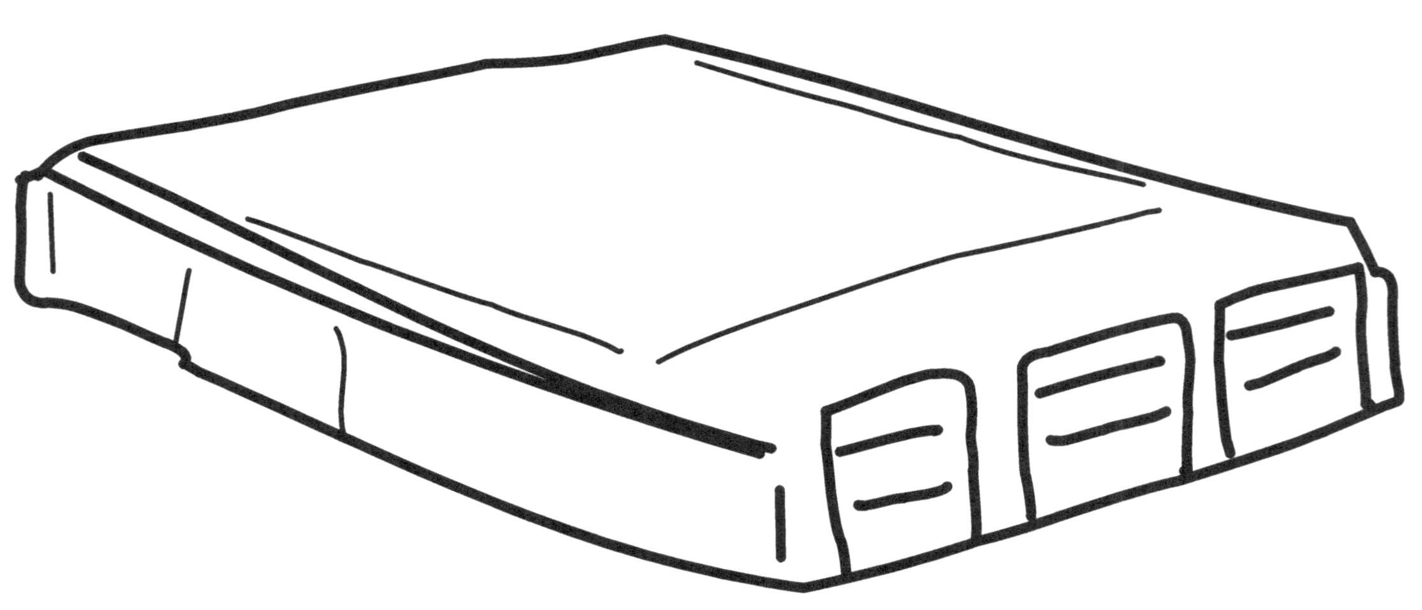

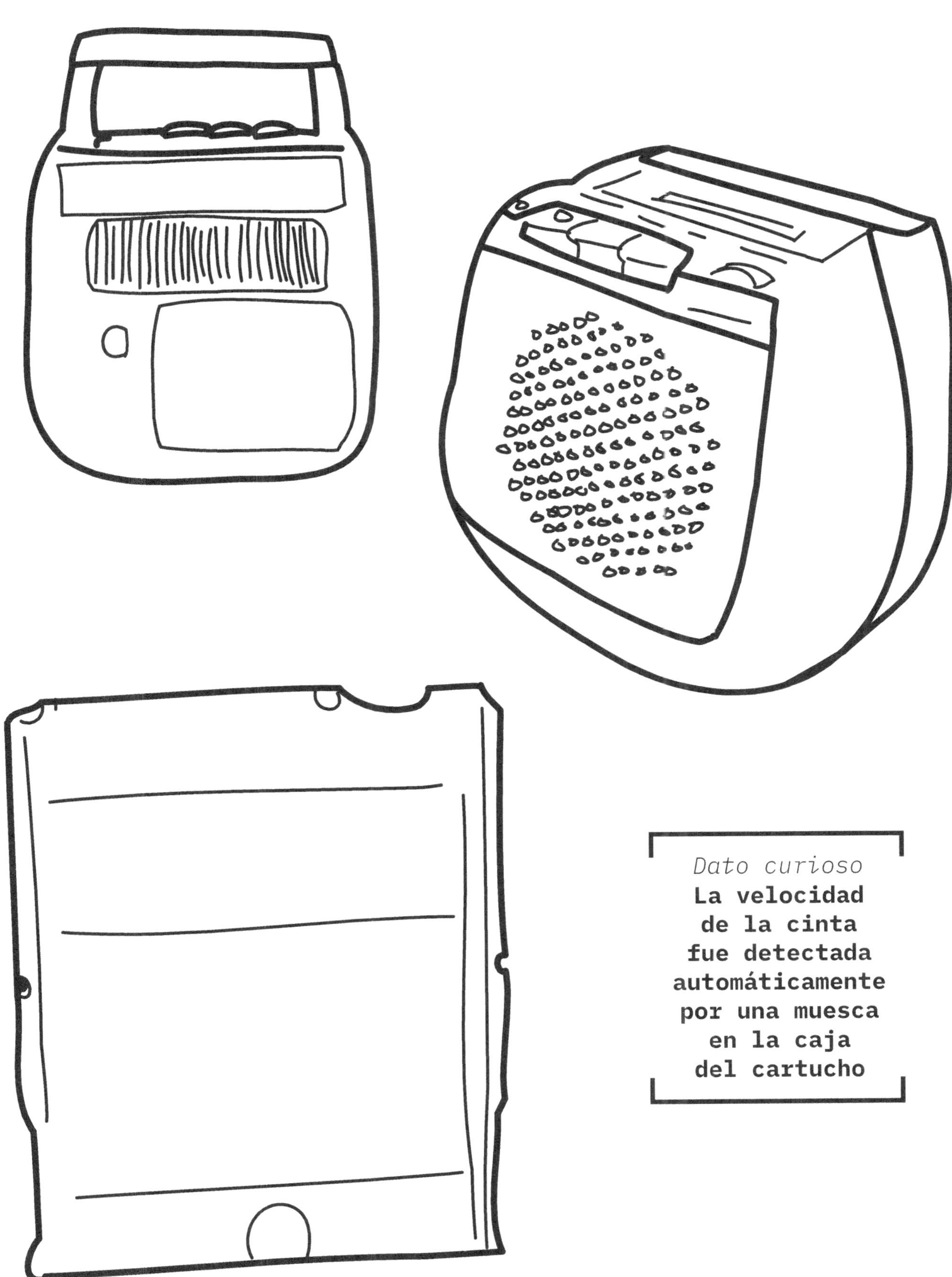

Dato curioso
La velocidad
de la cinta
fue detectada
automáticamente
por una muesca
en la caja
del cartucho

U-matic

Formato
digital

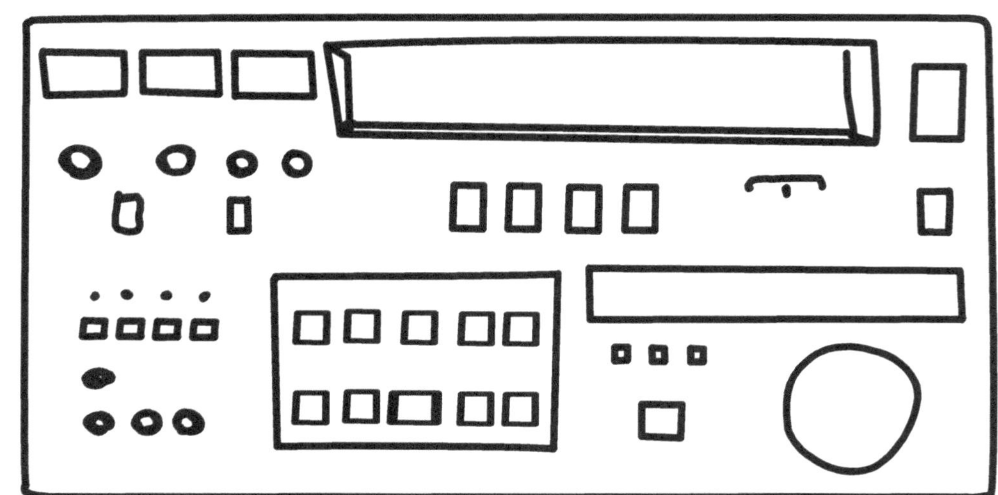

Era
**1971–década
de 1990**

Capacidad
Pequeño: 20 minutos
Estándar: 60 minutos

Tamaño
Pequeño (S): 18,4 × 12,2 × 3,2 cm
Estándar (SP): 22,1 × 14,0 × 3,2 cm

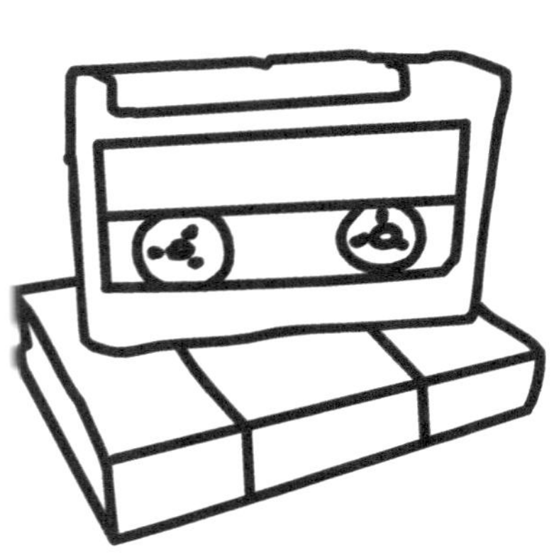
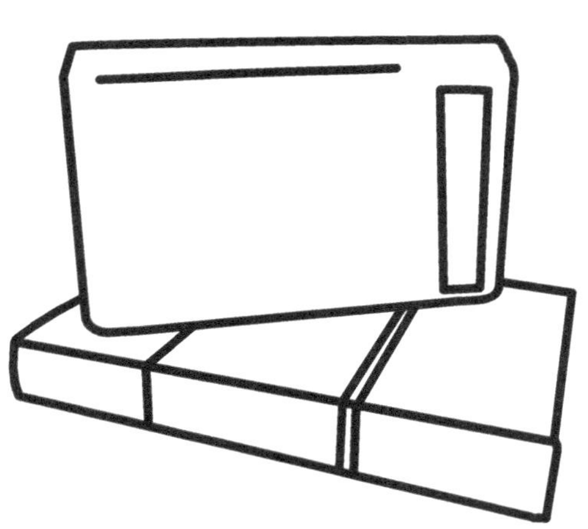
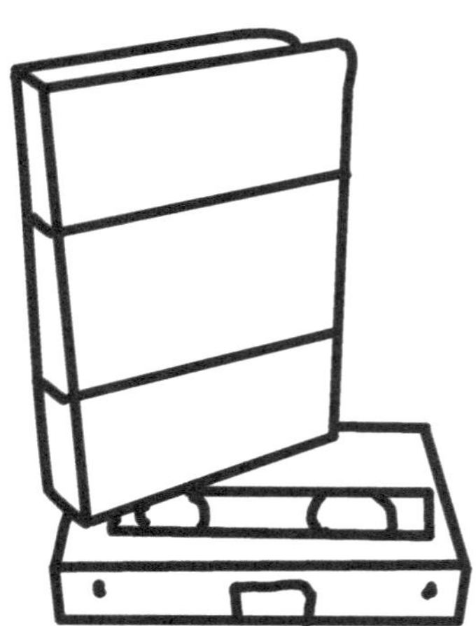

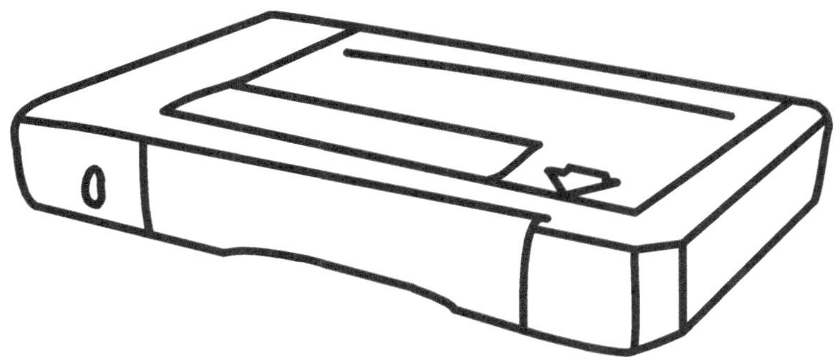

Dato curioso
Si bien este formato se usó principalmente para almacenar video analógico, también se usó para almacenar datos de audio digital

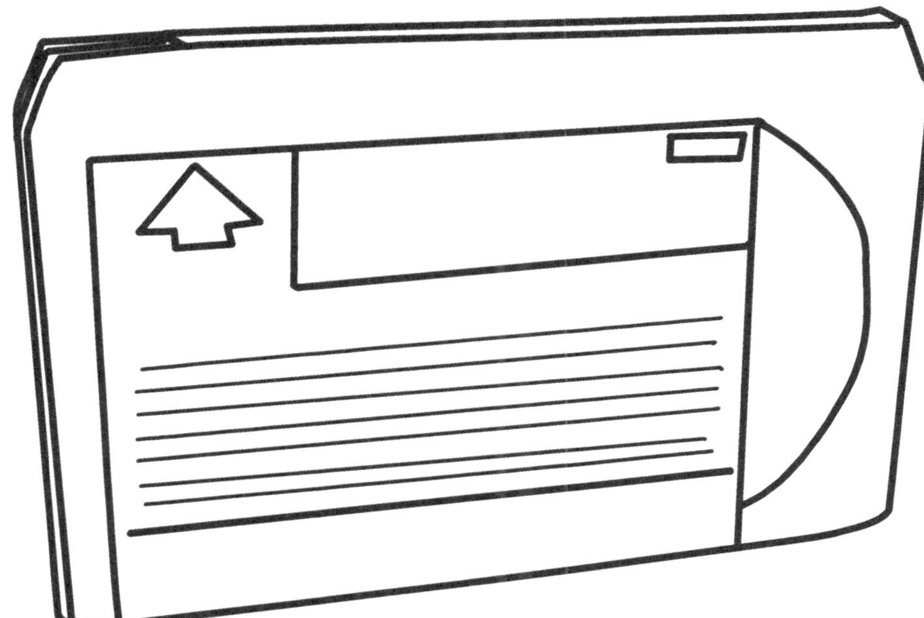

Dato curioso
El estándar de muestreo de 44,1 kHz utilizado en los discos compactos se definió por el ancho de banda disponible en las cintas de este formato

Dato curioso
Todas las cintas tienen un botón rojo redondo en la parte posterior que se puede quitar para evitar grabaciones accidentales

Elcaset

Dato curioso
Este formato estaba destinado a tener la misma calidad de audio del carrete a carrete con la comodidad del casete compacto

También conocido como
L-cassette

Capacidad
90 minutos

Era
1976–1980

Tamaño
15 × 10 × 2 cm

Dato curioso
El nombre de este formato significa casete L o casete "large" (grande), ya que el cartucho era aproximadamente el doble del tamaño del casete compacto

Desarrollado por
Panasonic, Teac, Sony

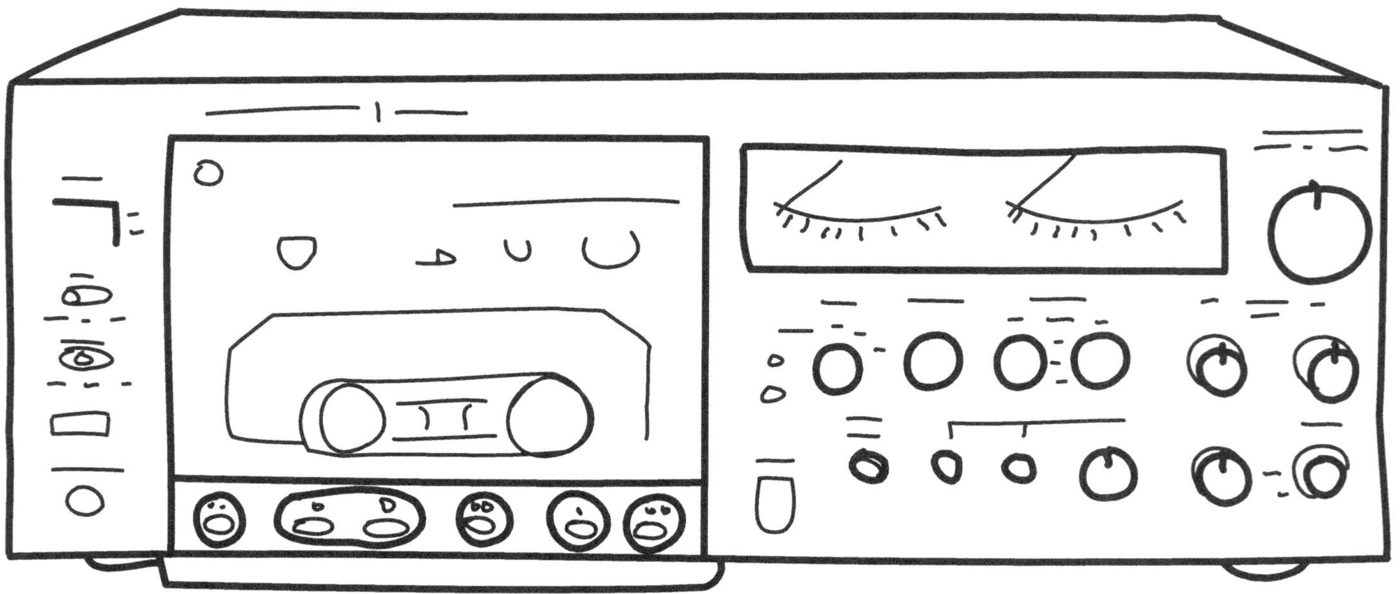

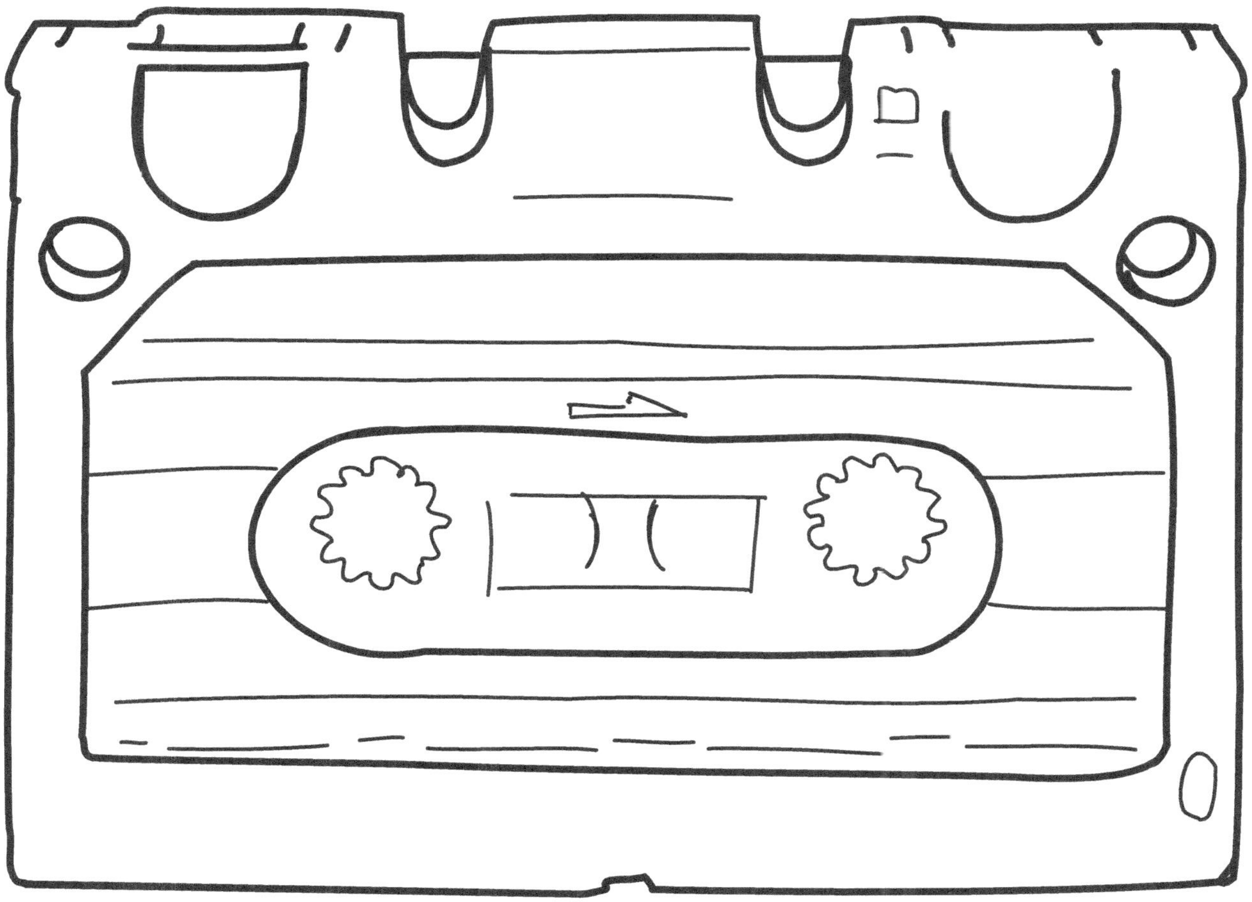

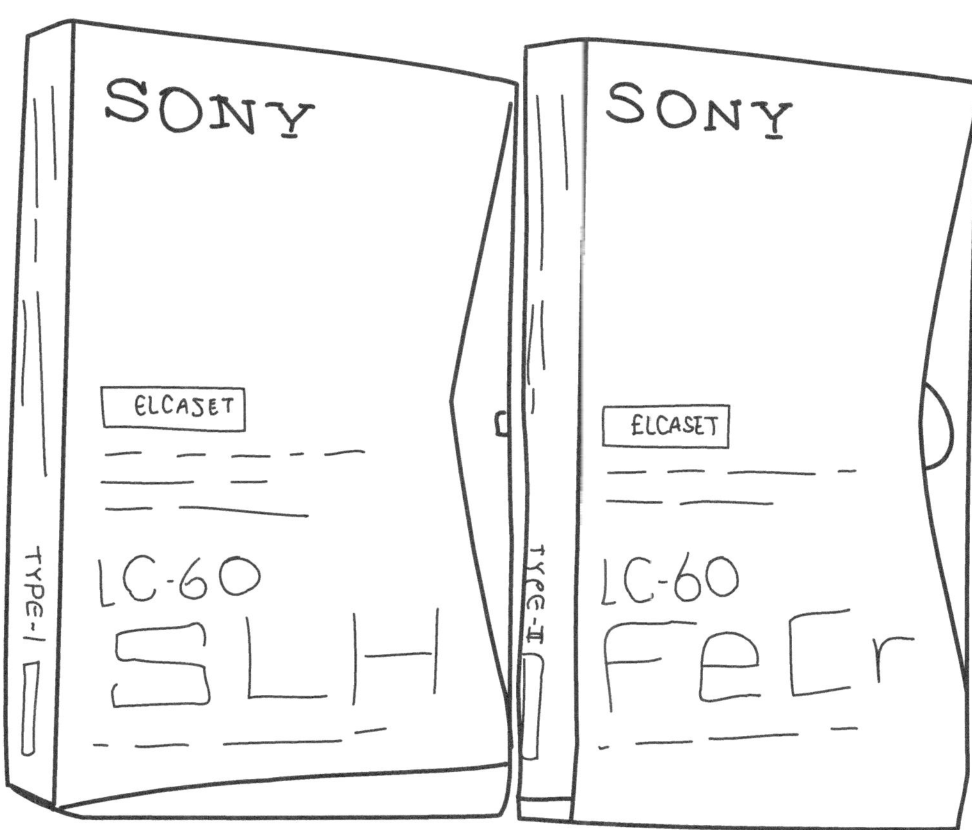
SONY
ELCASET
TYPE-I
LC-60
SLH
SONY
ELCASET
TYPE-II
LC-60
FeCr

Dato curioso
Este formato
fue un gran
fracaso de
mercado

Disco Láser

Formato
analógico/digital

Era
1978–2001

Tamaño
12 pulgadas

Capacidad
1 hora (de cada lado)

Desarrollado por
Philips, MCA Inc.,
Pioneer Corporation

También conocido como
LaserDisc, Disco de Visión Láser, Discovisión; Reflective Optical Videodisc, Laser Videodisc, LaserVision

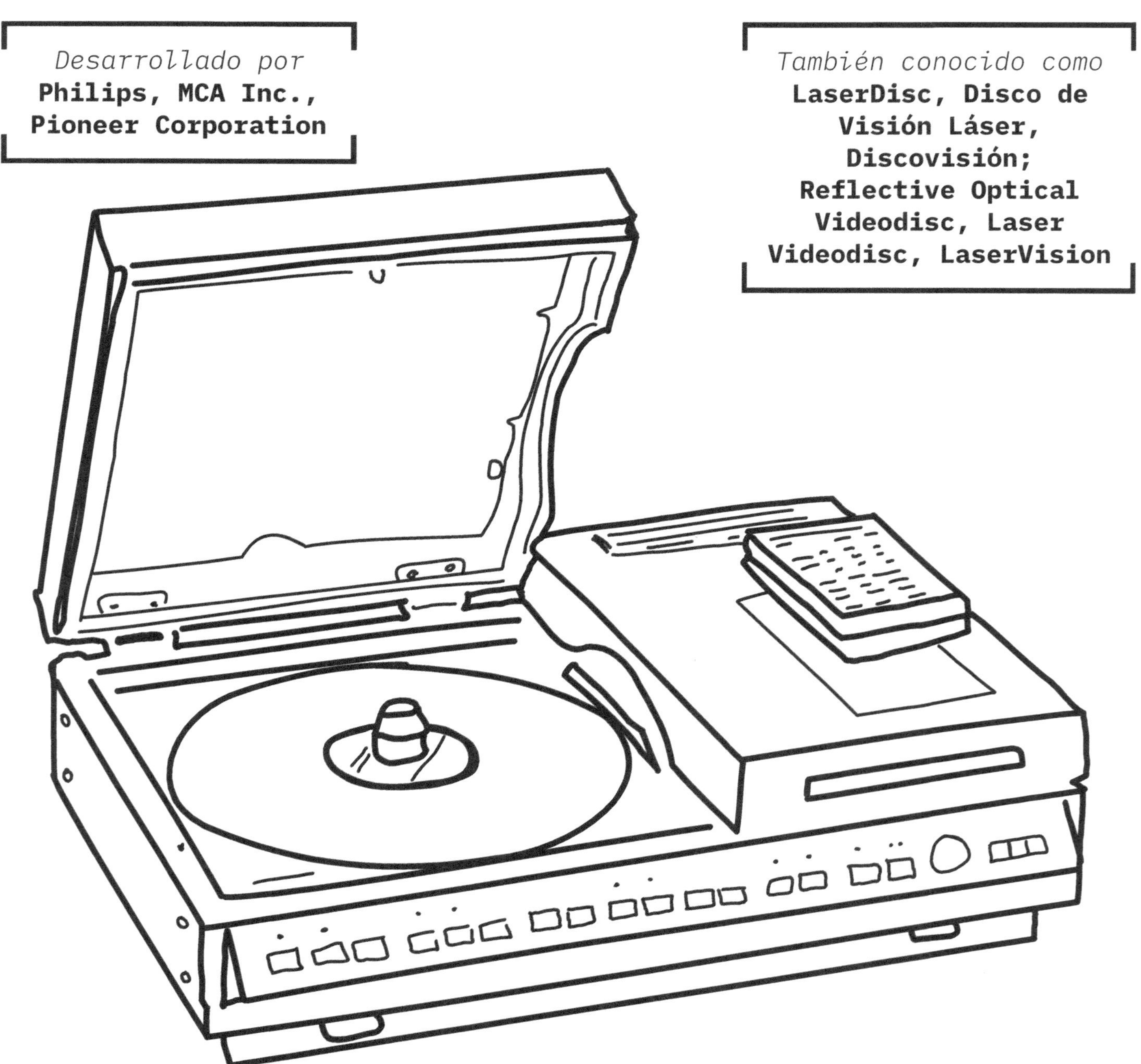

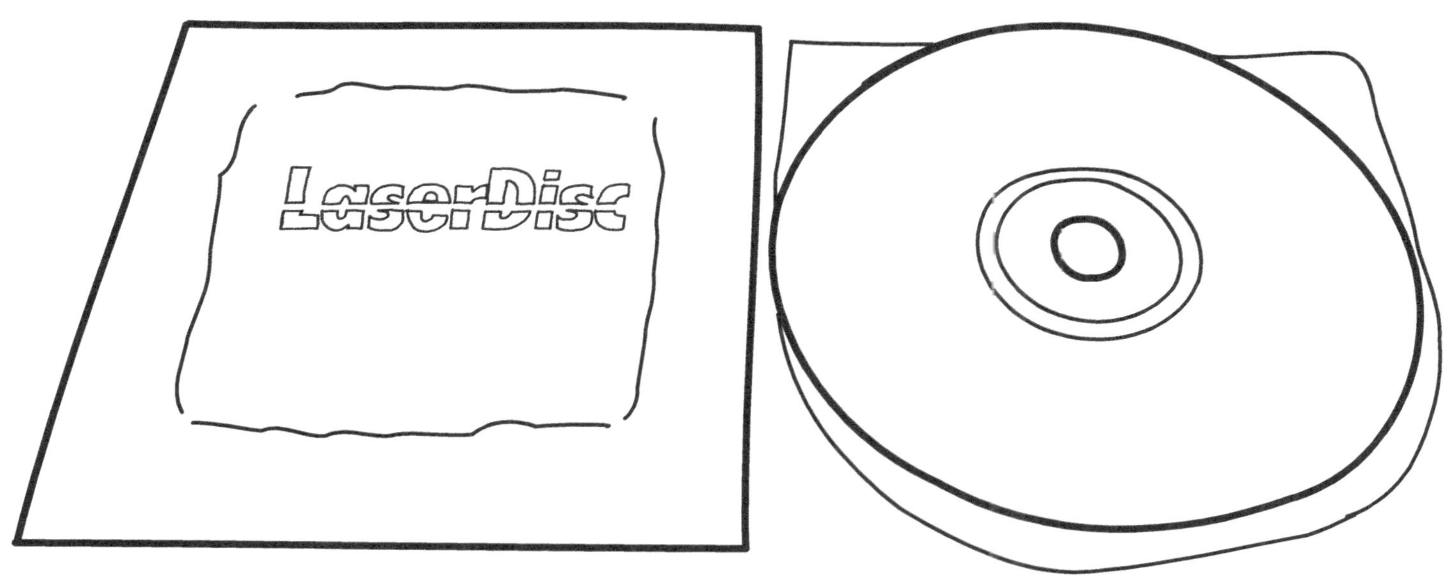

LaserDisc

Dato curioso
En el Reino Unido, se usó
"LaserDisc" para discos que
contienen audio digital y
"LaserVision" para discos
con audio y video analógicos

Dato curioso
El audio almacenado en
este formato podía
ser analógico o digital;
el video sólo podría
ser analógico

Dato curioso
La calidad de audio digital
de este formato era mejor
que la de cualquier otro
formato disponible para los
consumidores en ese momento,
pero la calidad de audio
analógico era inconsistente

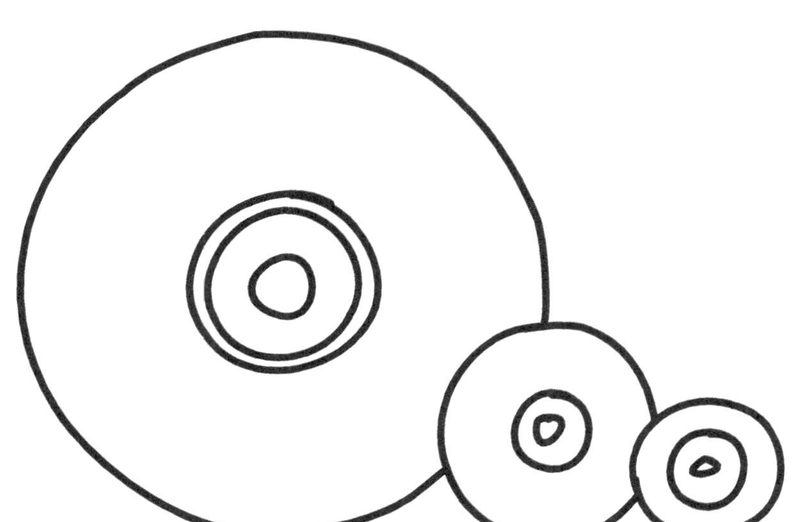

Disco compacto

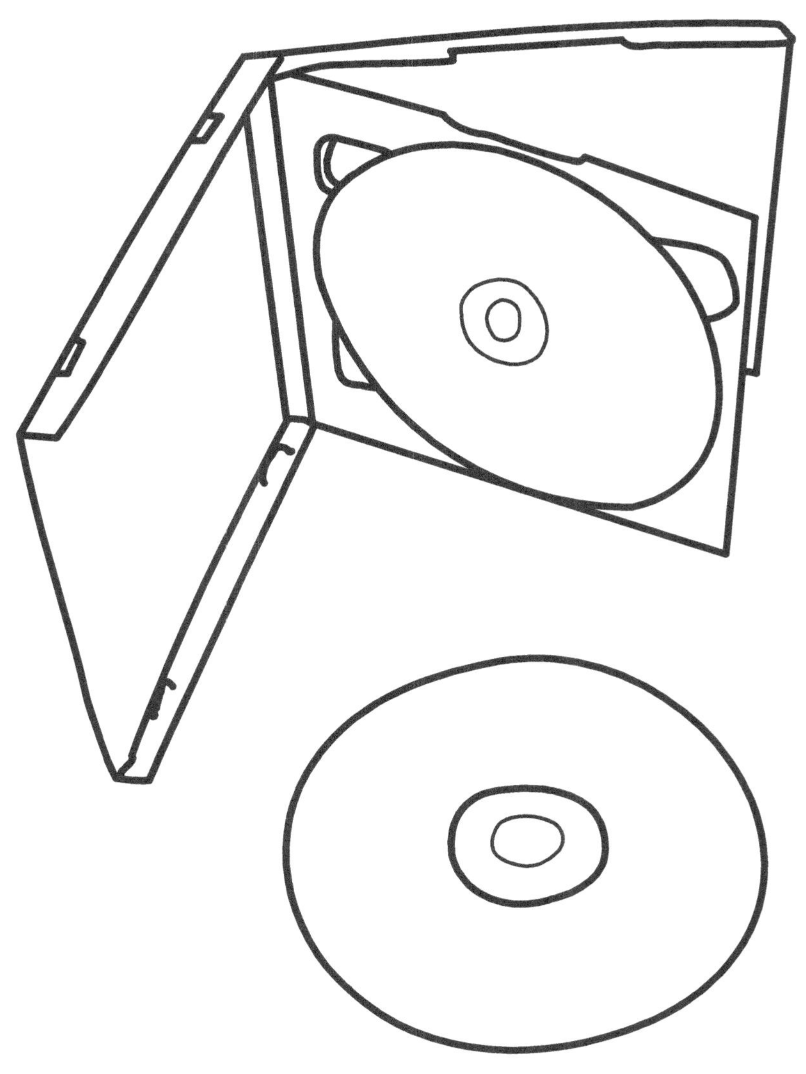

Dato curioso
Los mini CD tenían entre
2,4 y 3,1 pulgadas de
diámetro y almacenaban
hasta 24 minutos de audio

Dato curioso
Este formato se adaptó
posteriormente para
almacenar datos
en los siguientes
formatos: CD-ROM,
CD-R, CD-RW, Video CD,
Super Video CD,
Photo CD, Picture CD,
CD-Interactive y
Enhanced Music CD

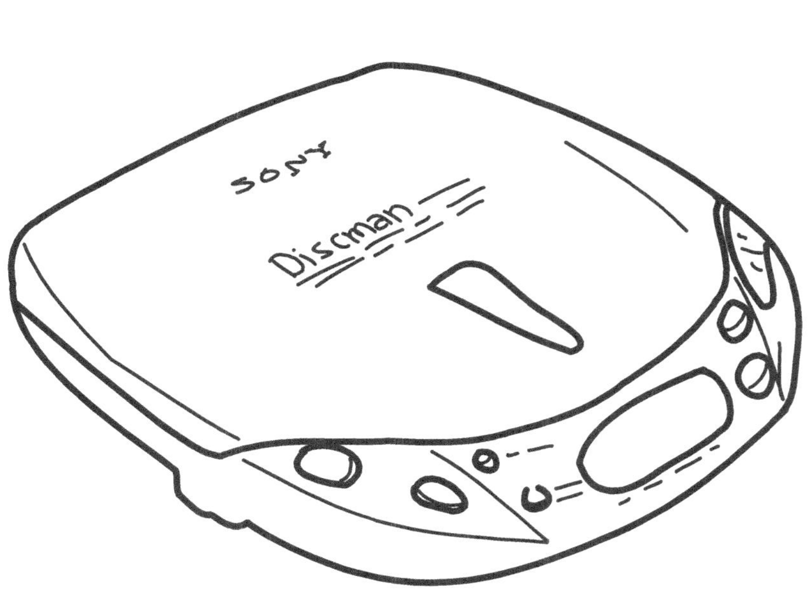

SONY
Discman

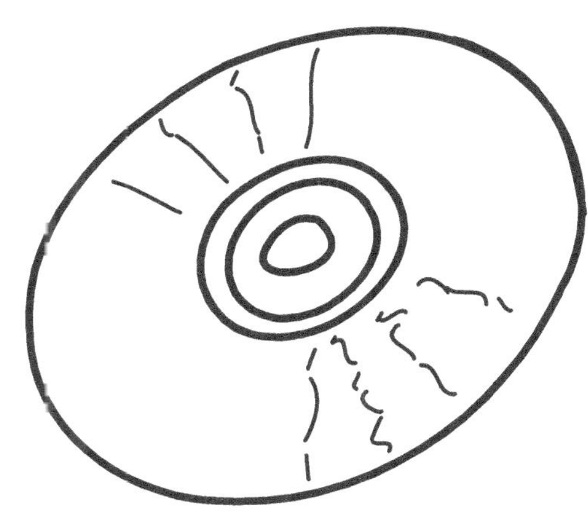

DAT

Formato
digital

También conocido como
Cinta de audio digital

Tamaño
7,3 × 5,4 × 1 cm

Era
1987–2005

Desarrollado por
Sony

Capacidad
180 minutos

Dato curioso
La Recording Industry Association of America (RIAA) presionó contra este formato en un intento de evitar copias de alta calidad

Dato curioso
Este formato se parece a un casete compacto pero tiene alrededor de la mitad del tamaño

Dato curioso
Este formato podía grabar a frecuencias de muestreo iguales, superiores e inferiores a la calidad de CD (44,1, 48 o 32 kHz)

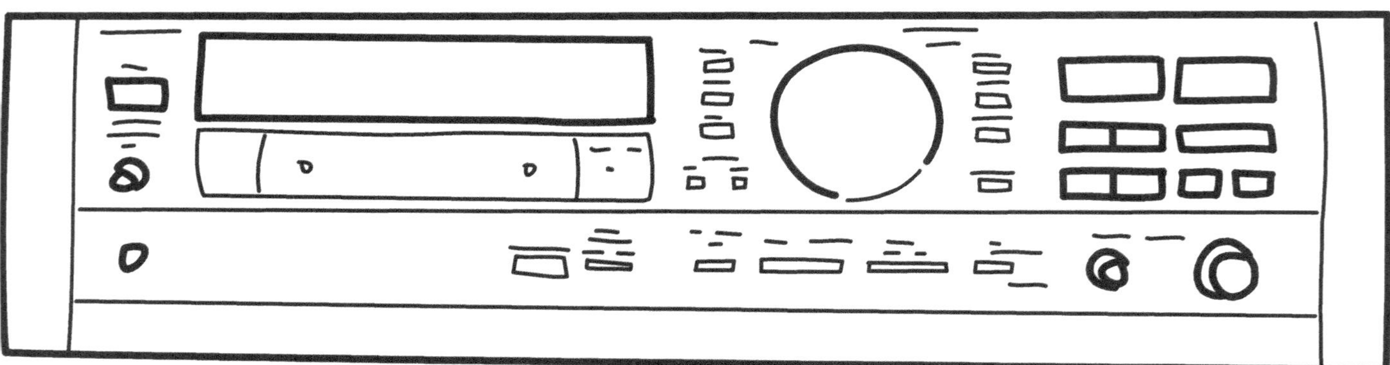

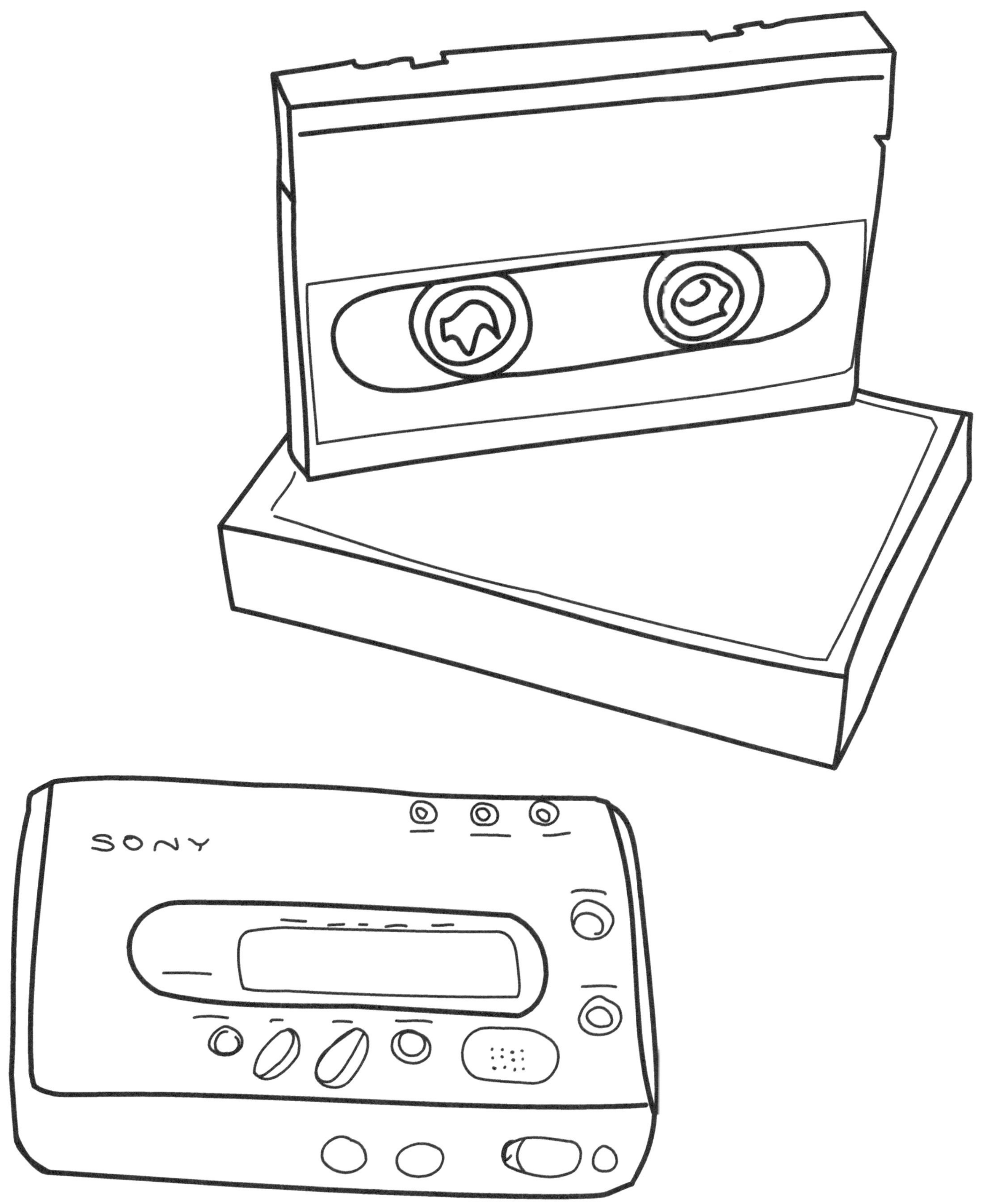

SONY

Pocket Rockers

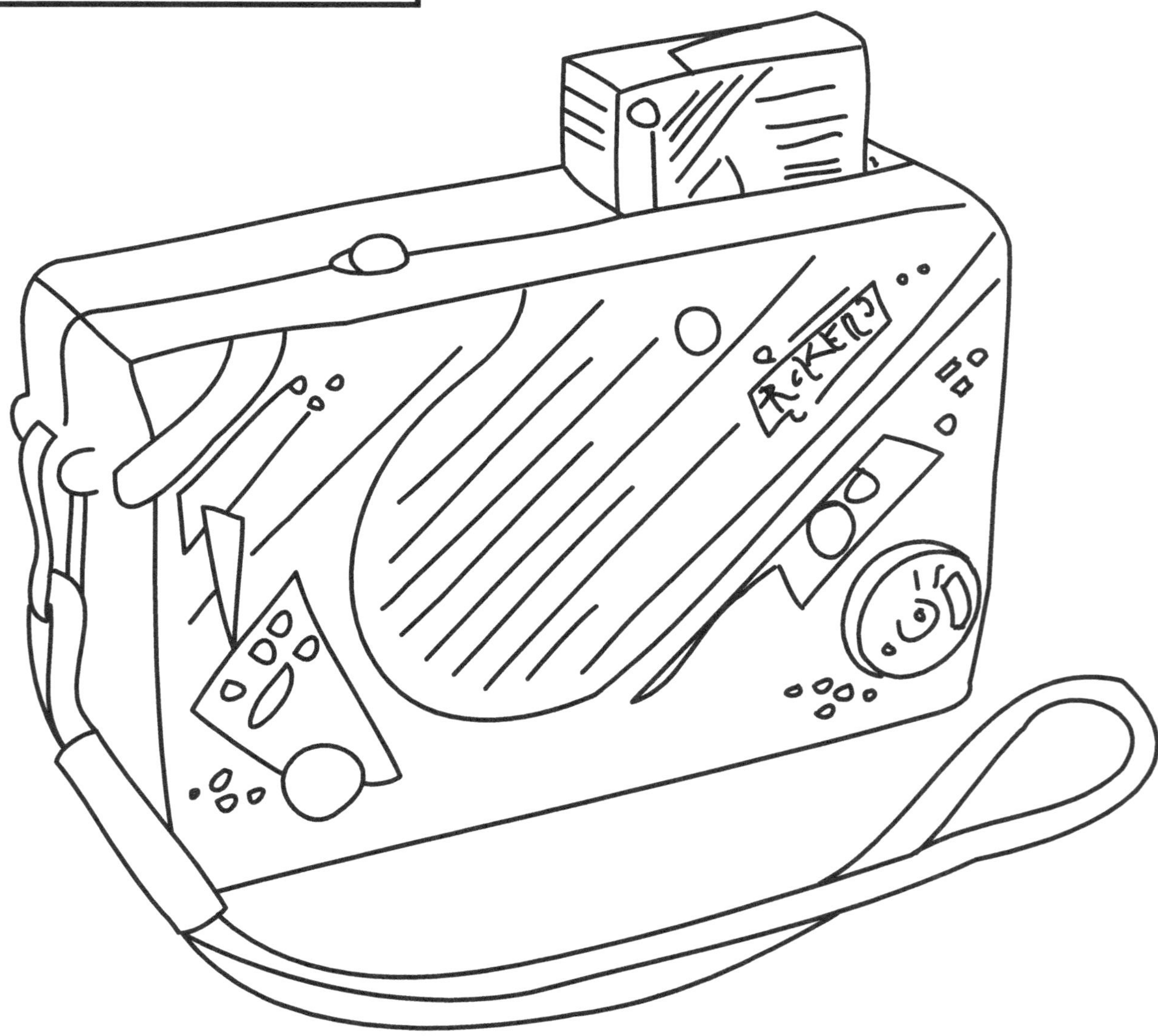

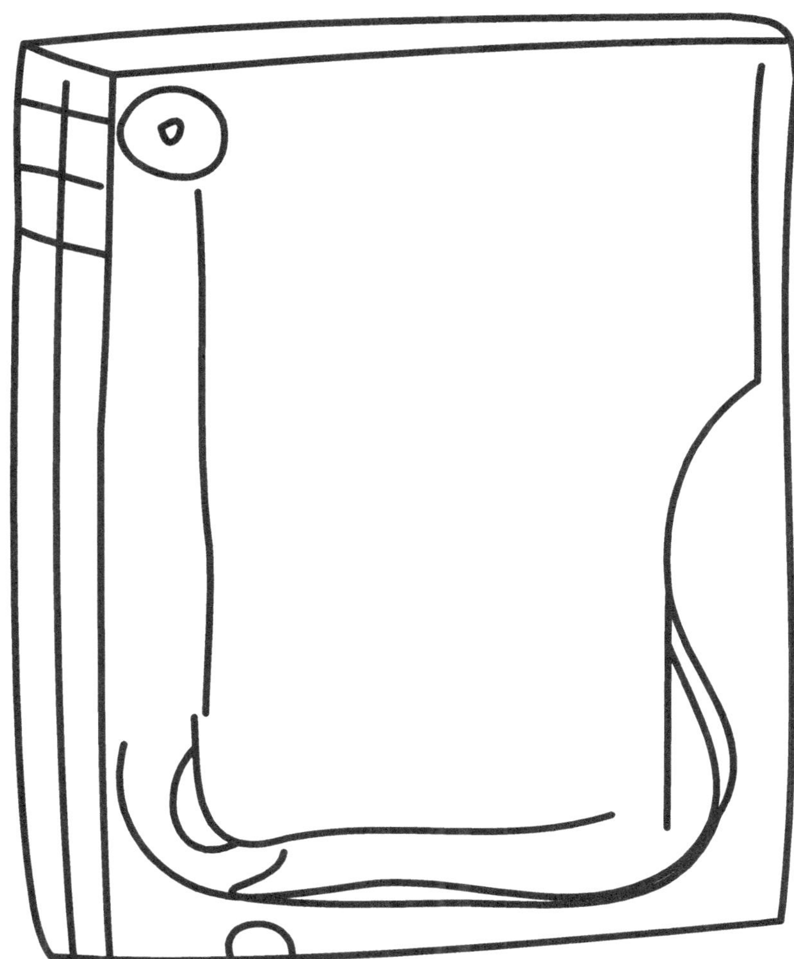

Dato curioso
Este era un
formato
de juguete
comercializado
para niños

Dato curioso
Cada casete
incluía dos
canciones
reproducidas
en mono

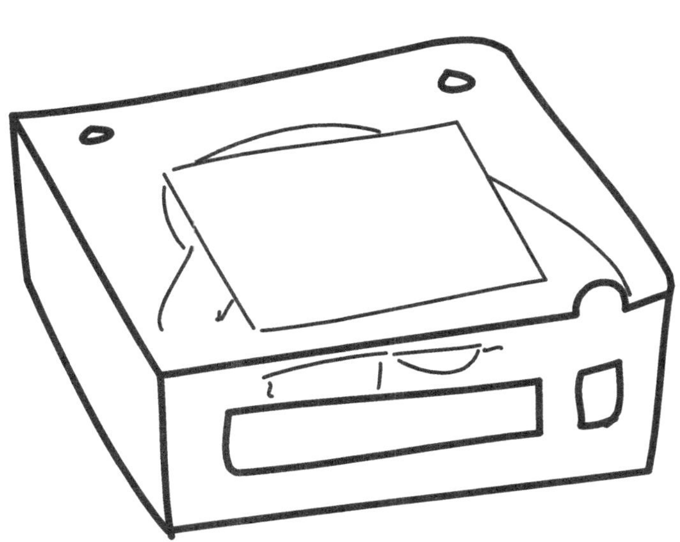

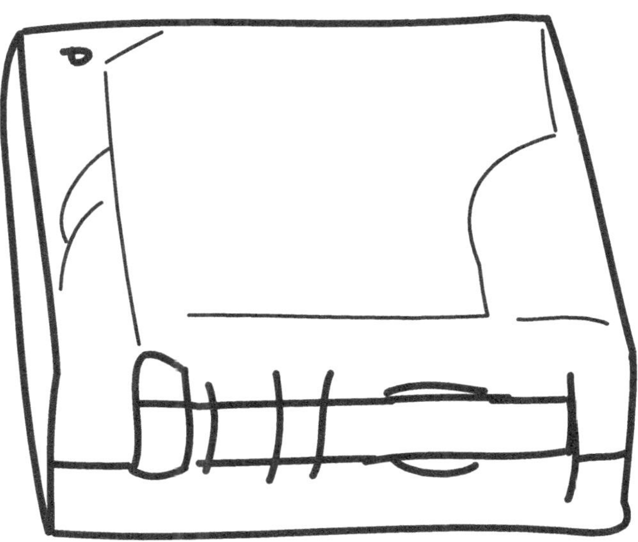

ADAT

Formato
digital

Era
1992–2003

También conocido como
Alesis Digital Audio Tape

Desarrollado por
Alesis

Tamaño
18,7 × 10,2 × 2,5 cm

Capacidad
40 minutos

Dato curioso
Este formato estaba dirigido al mercado de los estudios de grabación profesionales

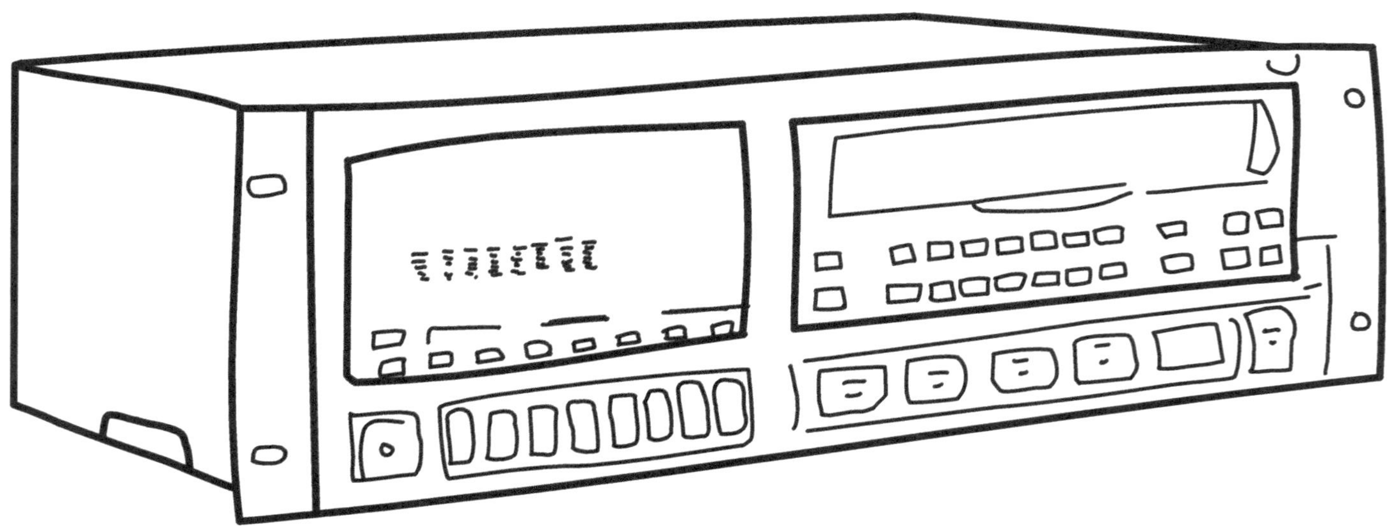

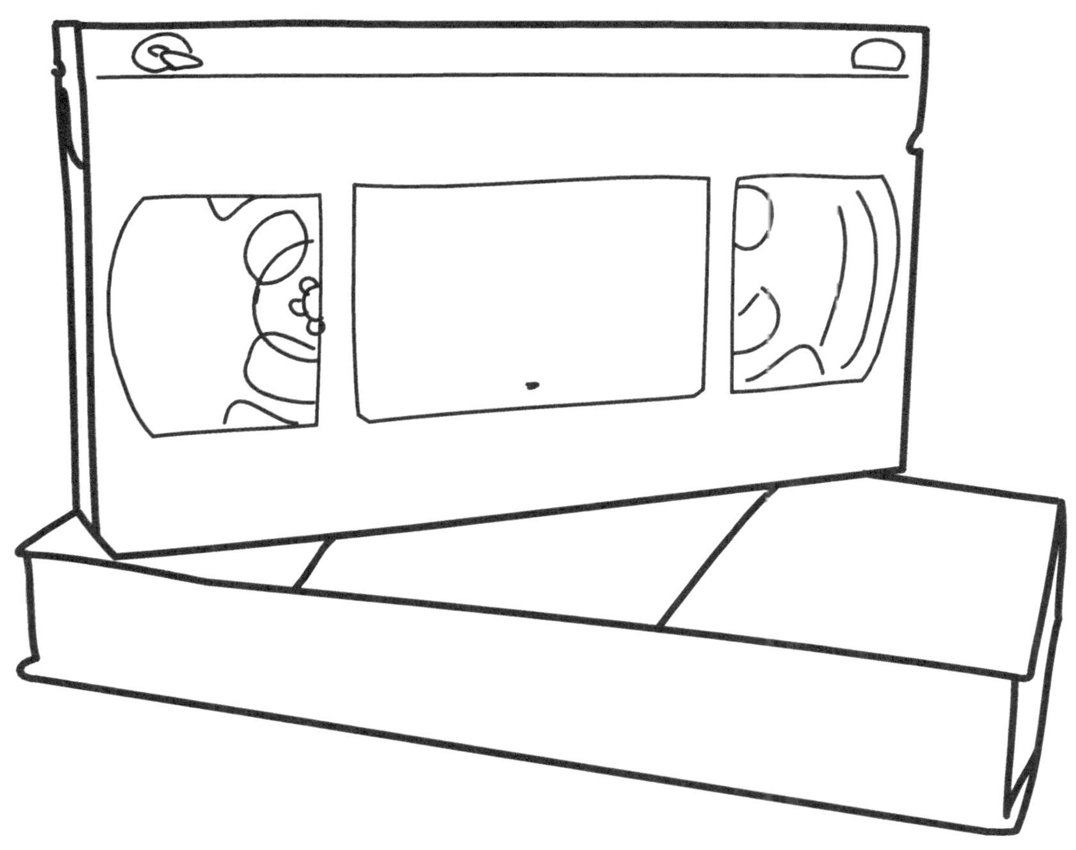

Dato curioso
La grabadora de este
formato usaba casetes
S-VHS como medio
de grabación

Dato curioso
Este formato admitía
la grabación de hasta
8 pistas, pero era
posible conectar más
máquinas y crear
grabaciones con
hasta 128 pistas

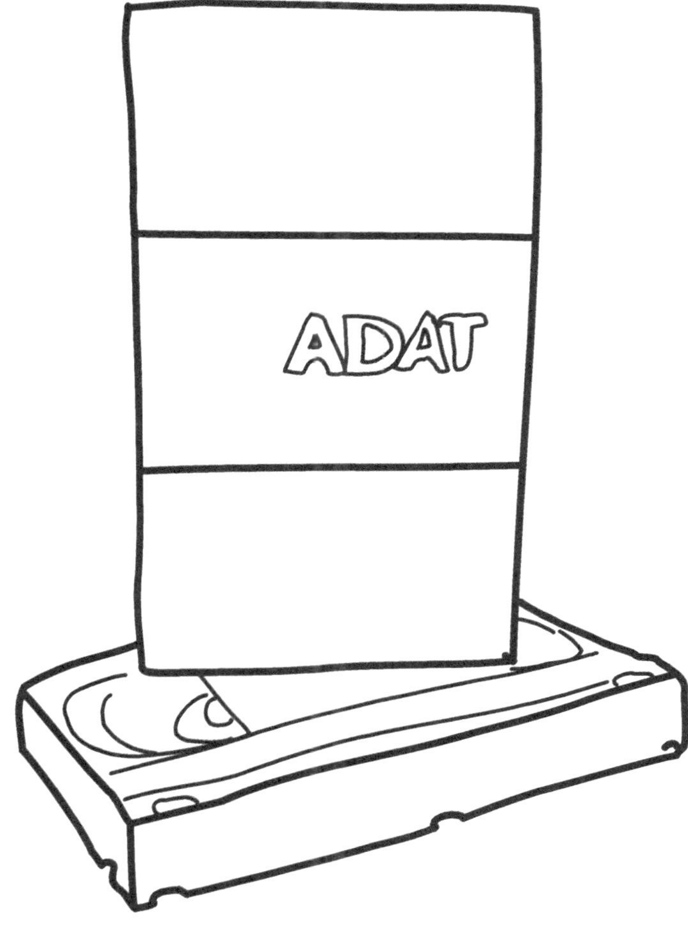

ADAT

DCC

Capacidad
105 minutos

Desarrollado por
**Philips &
Panasonic**

También conocido como
**Digital Compact Cassette
(Casete compacto digital)**

Tamaño
10,16 × 6,35 × 1,27 cm

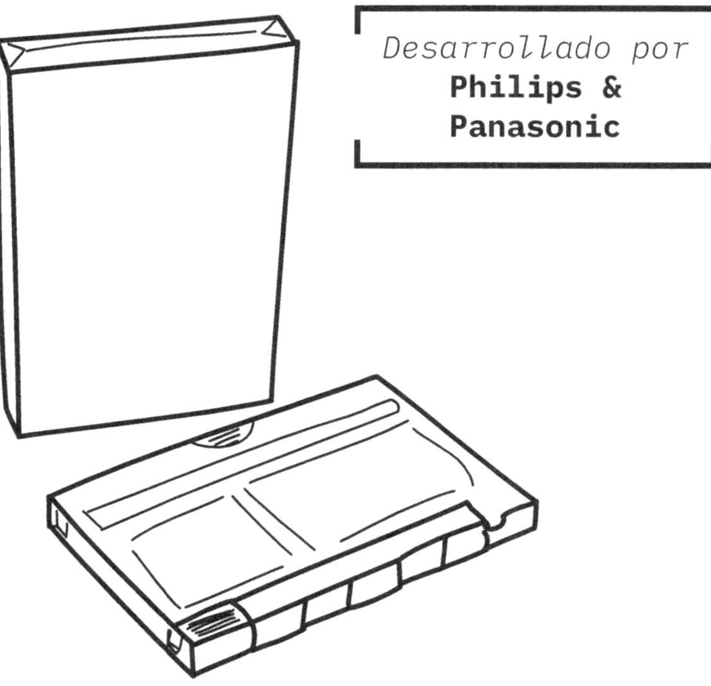

Dato curioso
**Cada cinta tiene nueve
pistas por lado con
ocho pistas para el audio
y una pista adicional
para información auxiliar
(metadatos de pista)**

Dato curioso
**La forma de este formato
era similar a la del
casete compacto analógico,
y sus grabadoras y reproductores
podían reproducir cualquier tipo**

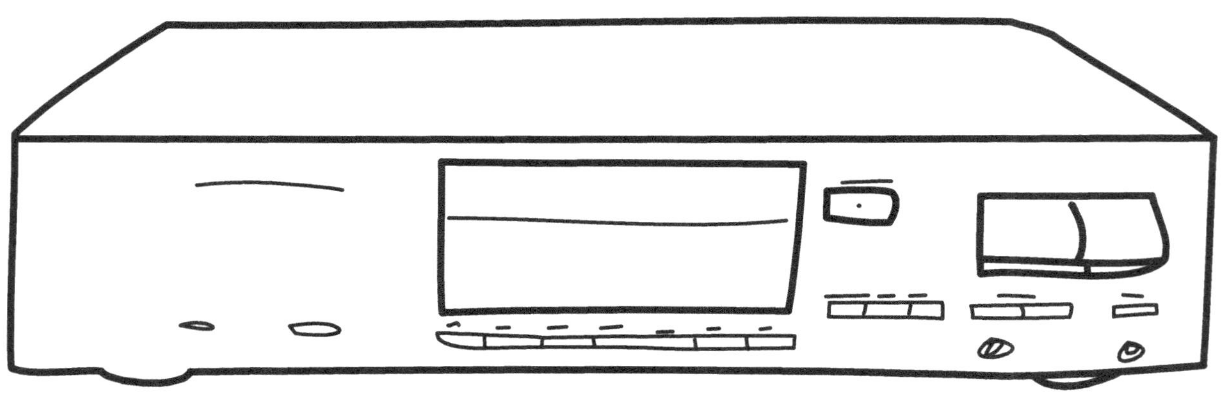

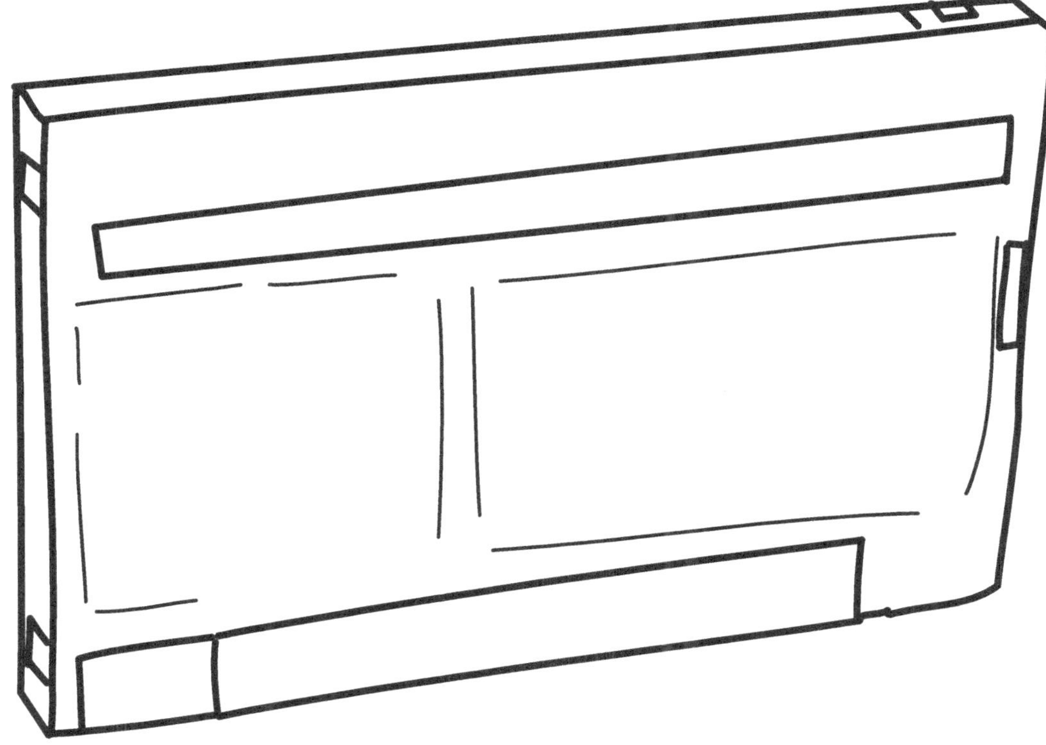

Dato curioso
Los reproductores y grabadores de este
formato tenían inversión automática,
lo que significa que cada reproductor
tenía que poder colocar sus cabezas
para el lado A y el lado B de la cinta

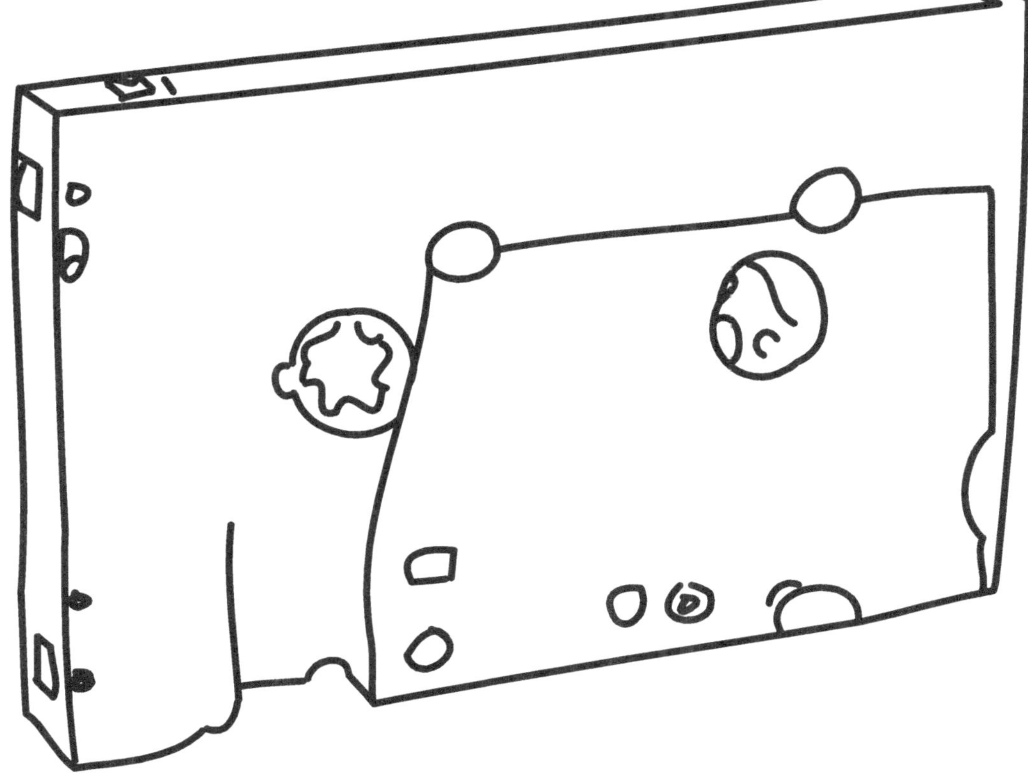

MiniDisc

Formato
digital

Tamaño
6,8 × 7 × 0,5cm

Capacidad
80 minutos

Desarrollado por
Sony

Era
1992–2007

También conocido como
MD

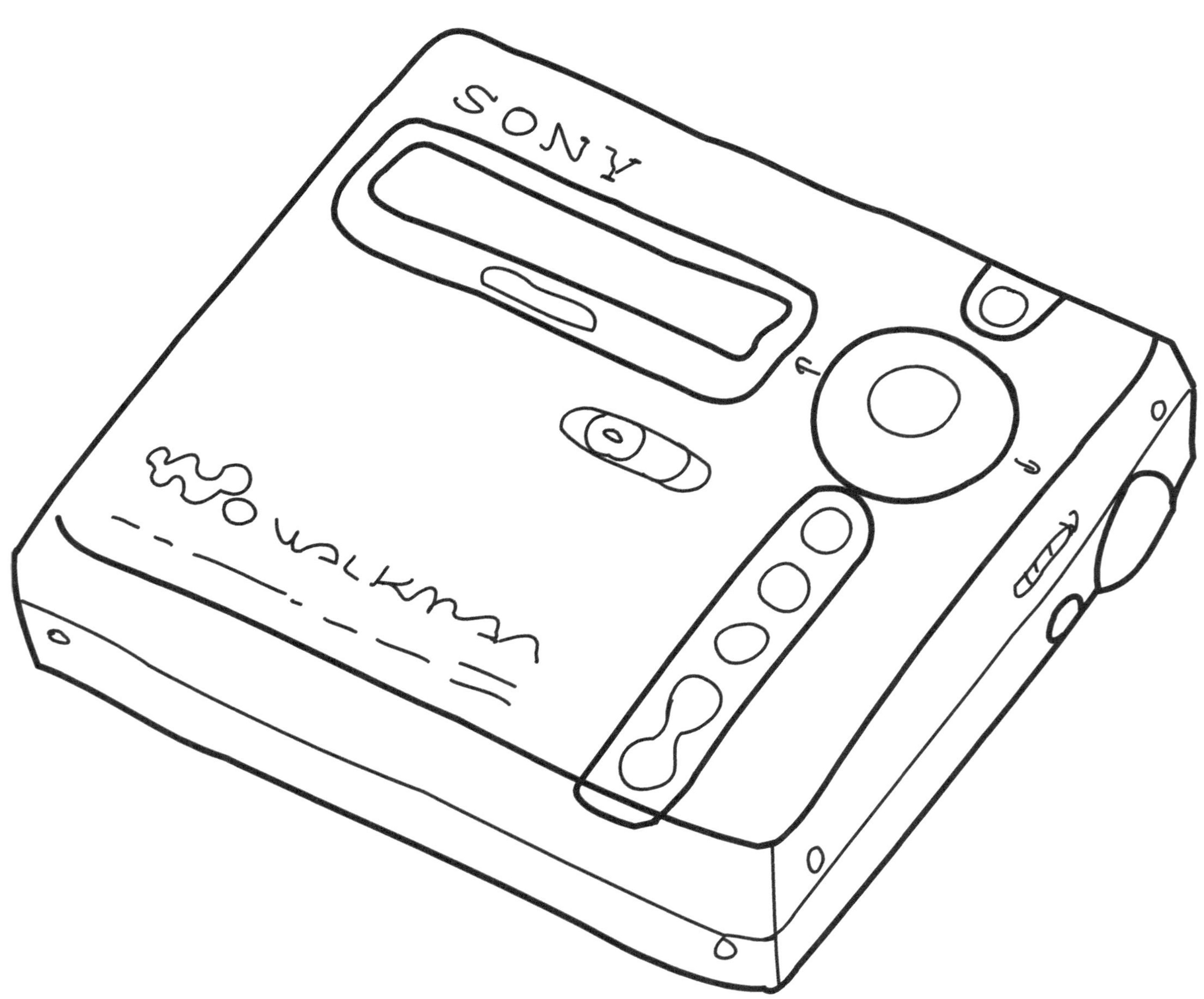

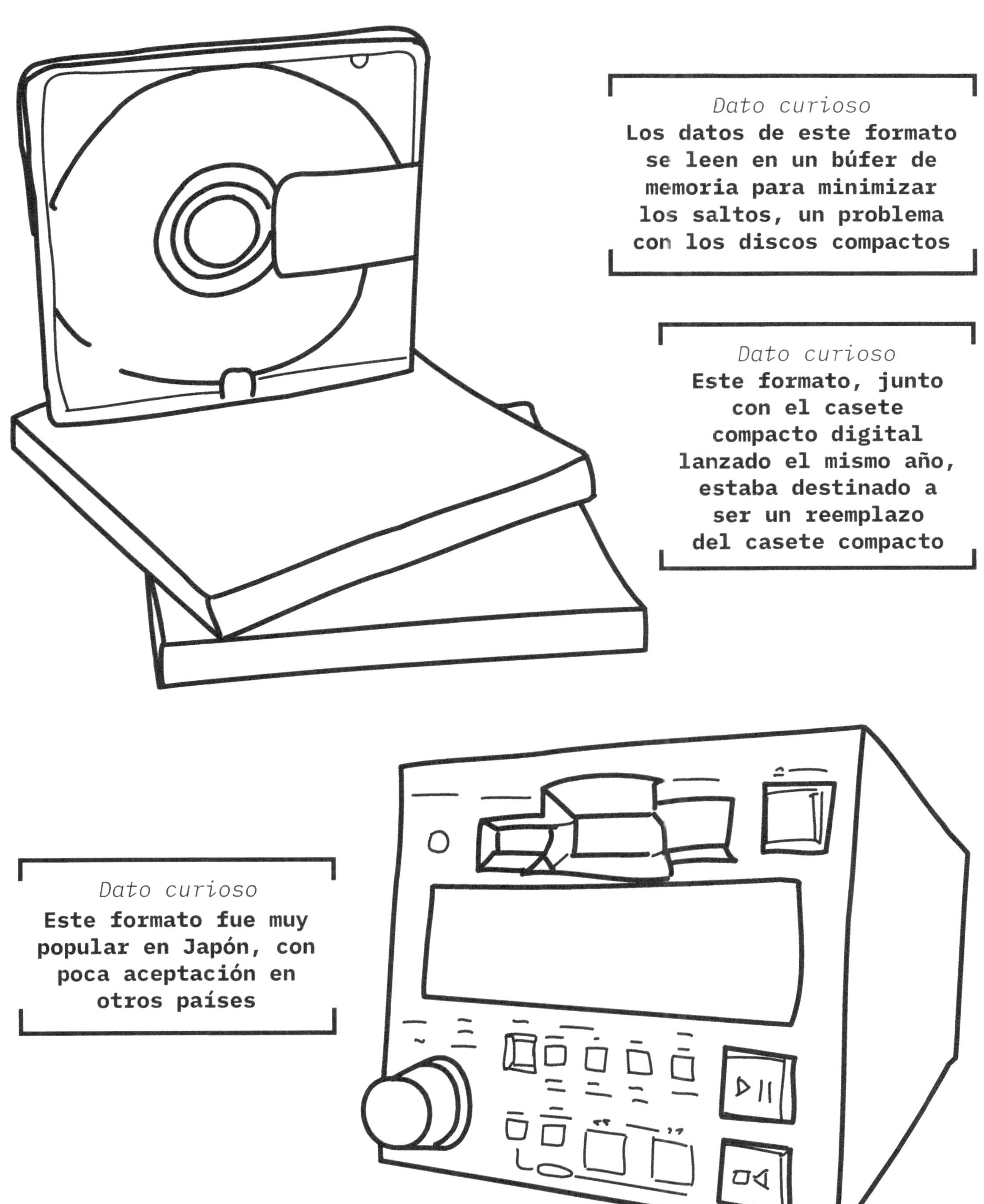

Dato curioso
Los datos de este formato
se leen en un búfer de
memoria para minimizar
los saltos, un problema
con los discos compactos

Dato curioso
Este formato, junto
con el casete
compacto digital
lanzado el mismo año,
estaba destinado a
ser un reemplazo
del casete compacto

Dato curioso
Este formato fue muy
popular en Japón, con
poca aceptación en
otros países

DTRS

Desarrollado por
TASCAM

Tamaño
9.5 × 6.25 × 1.5 cm

Dato curioso
Los datos de audio almacenados en este formato en casetes de video Hi8 permiten hasta 108 minutos de grabación continua por cinta

También conocido como
Digital Tape Recording System (Sistema de grabación de cinta digital) o DA-88 (en inglés)

Capacidad
108 minutos

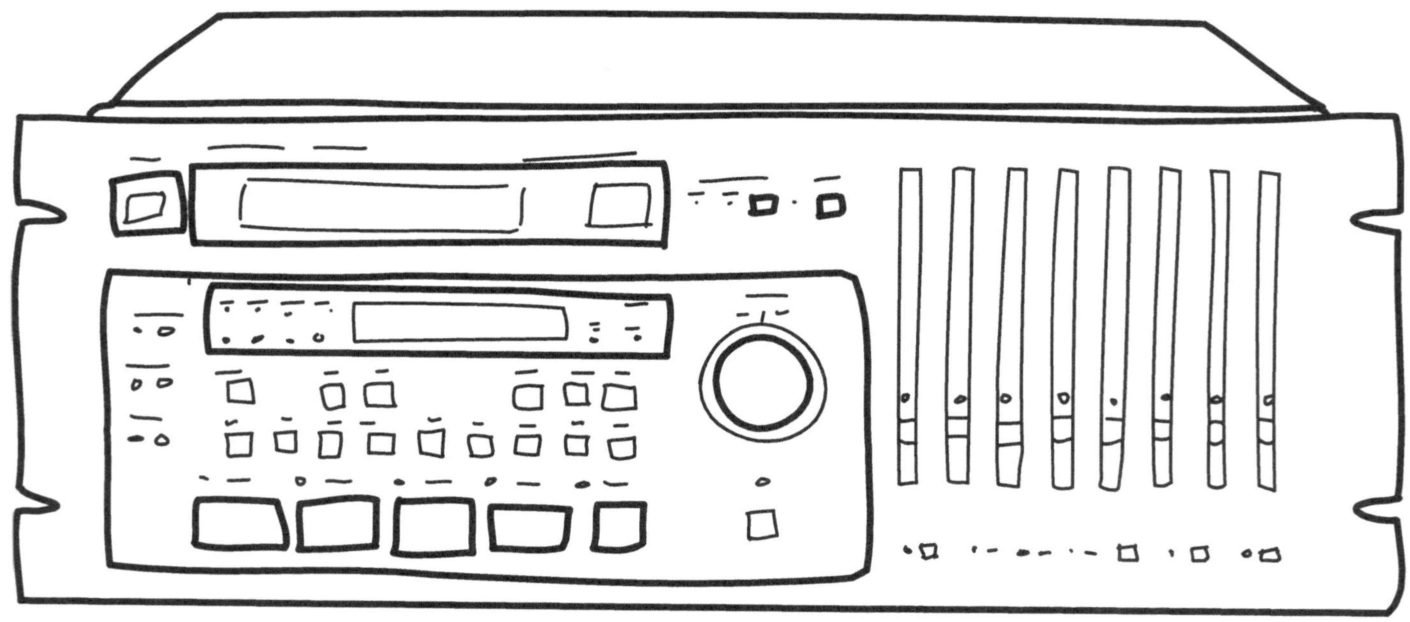

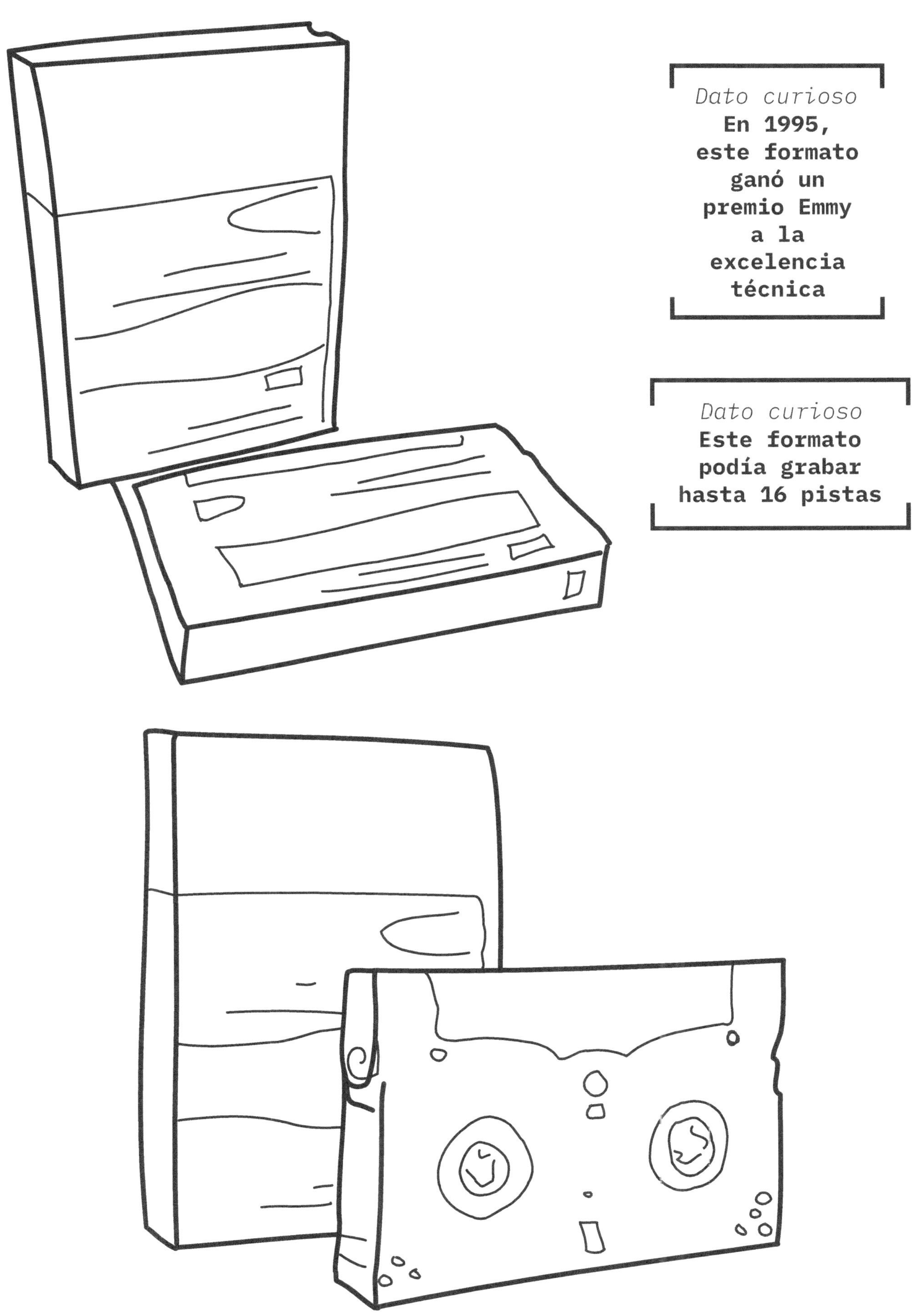

Dato curioso
En 1995,
este formato
ganó un
premio Emmy
a la
excelencia
técnica

Dato curioso
Este formato
podía grabar
hasta 16 pistas

Reproductores de audio digital

Formato
digital

Era
1996–década de 2010

Desarrollado por
Varios

Capacidad
256 GB

Tamaño
Varios

Dato curioso
Algunos reproductores también incluían sintonizadores de radio FM, grabación de voz y otras funciones

También conocido como
iPod, reproductor Mp3, reproductor multimedia portátil

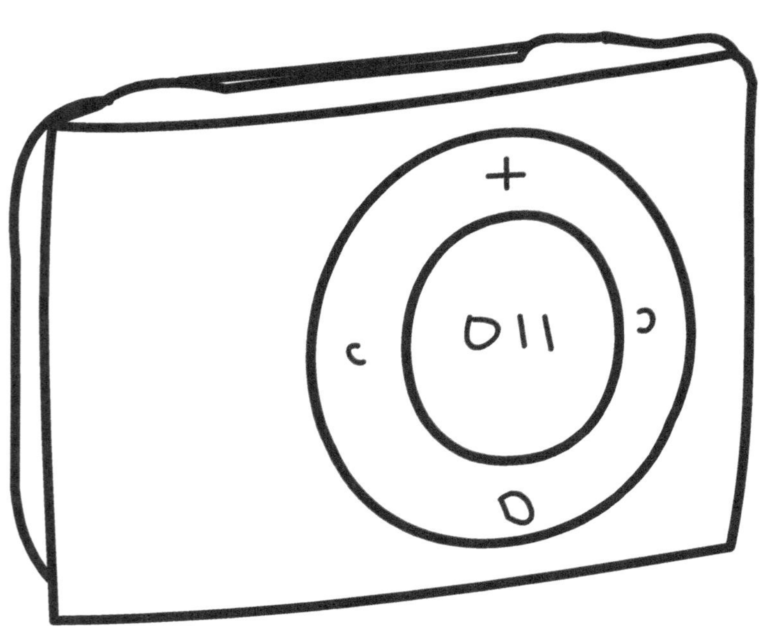

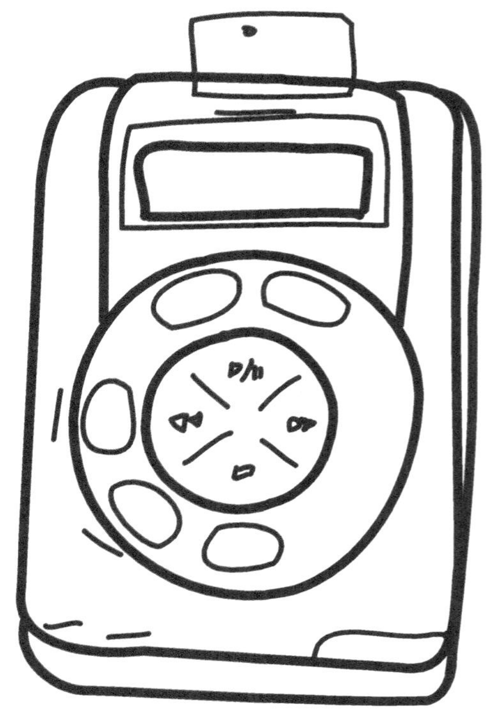

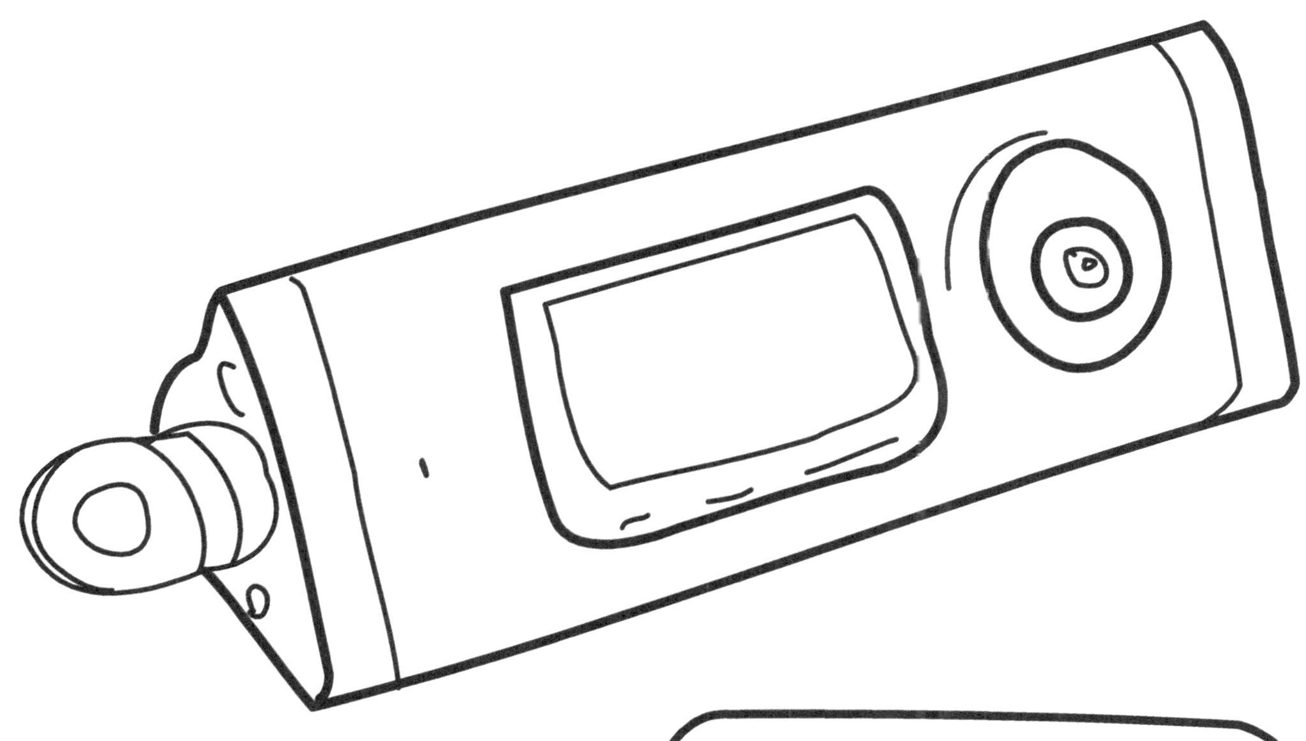

Dato curioso
Esta industria fue
ampliamente definida
y popularizada por
el iPod de Apple

Dato curioso
Este formato se comercializó
como "reproductores de MP3",
pero admitía otros formatos
de audio digital populares
como WAV, Windows Media Audio
(WMA), Advanced Audio Coding
(AAC), Vorbis, FLAC,
Speex y Ogg

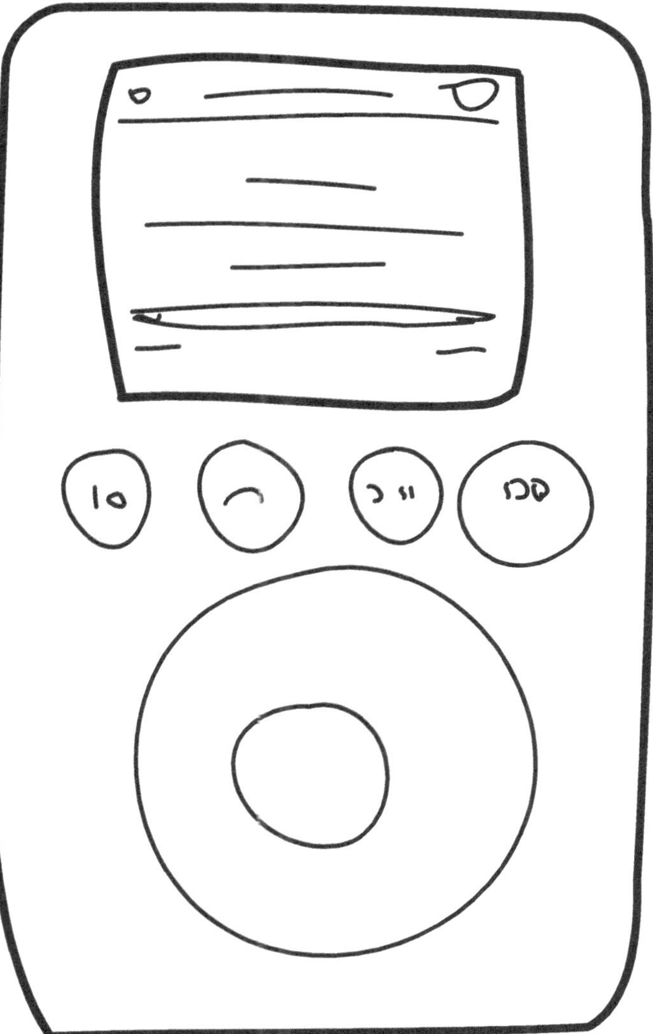

Agradecimientos

Gracias a mis revisores técnicos, Andrew Weaver y Susie Cummings, por brindar su experiencia práctica y camaradería.

Muchas gracias a Valeria Dávila por traducir este trabajo.

Una vez más, gracias a Rory: por escuchar sin cesar mis esperanzas y sueños, y apoyar cada una de mis ambiciones. Por todo.

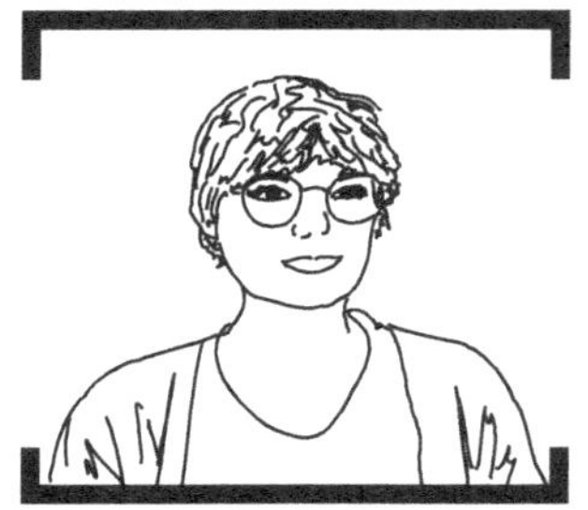

Sobre la Autora

Ashley Blewer es una archivista,
educadora y desarrolladora de
software con más de una década de
experiencia trabajando en formatos
multimedia. Ashley se especializa
en formatos de video y audio,
preservación digital y
comunicación.

Obtenga más información en
https://ashleyblewer.com